普通高等教育"十二五"规划教材

多媒体技术及应用实验指导与习题集

主　编　王建书　寸仙娥
副主编　孙艳琼　桑志强

北京邮电大学出版社
·北京·

内 容 简 介

本书是由多年从事"多媒体技术及应用"课程教学、教学经验丰富的一线教师精心编写的。全书分为2部分：第一部分是实验指导；第二部分是课后习题及参考答案。

本书实验涵盖了常用多媒体处理软件的基本操作、综合应用和创意设计三个层次，循序渐进地培养学习者的基本操作技能和综合应用能力，非常注重培养学习者的实际操作能力和创新意识，鼓励学习者大胆进行创意设计。

本书可作为高等院校"多媒体技术及应用"课程的配套教材用书，也可作为广大多媒体爱好者和应用开发者的参考书。

图书在版编目(CIP)数据

多媒体技术及应用实验指导与习题集 / 王建书，寸仙娥主编． ――北京：北京邮电大学出版社，2016.1
ISBN 978－7－5635－4636－7

Ⅰ.①多… Ⅱ.①王… ②寸… Ⅲ.①多媒体技术—教学参考资料 Ⅳ.①TP37

中国版本图书馆 CIP 数据核字(2016)第 003359 号

书　　名	多媒体技术及应用实验指导与习题集
主　　编	王建书　寸仙娥
责任编辑	唐咸荣
出版发行	北京邮电大学出版社
社　　址	北京市海淀区西土城路 10 号(100876)
电话传真	010－82333010　62282185(发行部)　010－82333009　62283578(传真)
网　　址	www.buptpress3.com
电子信箱	ctrd@buptpress.com
经　　销	各地新华书店
印　　刷	中煤(北京)印务有限公司
开　　本	787 mm×960 mm　1/16
印　　张	8
字　　数	169 千字
版　　次	2016 年 1 月第 1 版　2016 年 1 月第 1 次印刷

ISBN 978－7－5635－4636－7　　　　　定价：18.00 元

如有质量问题请与发行部联系

版权所有　侵权必究

目 录

第一部分 实验指导 ………………………………………………………………… 1

第 1 章 图像处理技术 ……………………………………………………………… 1

实验一 Photoshop CS6 选取工具与基本绘图工具的应用 ……………………… 1
实验二 图像的编辑 ……………………………………………………………… 14
实验三 图像的修复 ……………………………………………………………… 18
实验四 图像色调和色彩的调整 ………………………………………………… 22
实验五 Photoshop CS6 图层的应用 …………………………………………… 26
实验六 Photoshop CS6 路径的应用 …………………………………………… 31
实验七 Photoshop CS6 通道的应用 …………………………………………… 35
实验八 Photoshop CS6 蒙版的应用 …………………………………………… 38
实验九 Photoshop CS6 滤镜的应用 …………………………………………… 42
实验十 综合实验 ………………………………………………………………… 54

第 2 章 音频处理技术 ……………………………………………………………… 67

实验 音频处理软件 Adobe Audition CS6 基本操作 ………………………… 67

第 3 章 视频处理技术 ……………………………………………………………… 77

实验一 初识会声会影 X2 ……………………………………………………… 77
实验二 编辑影片素材 …………………………………………………………… 80
实验三 制作字幕 ………………………………………………………………… 82
实验四 制作影片 ………………………………………………………………… 86

第 4 章 动画制作技术 ……………………………………………………………… 88

实验一 Flash CS6 的工作界面及基本工具的使用 …………………………… 88
实验二 Flash CS6 动画制作基础操作练习 …………………………………… 94
实验三 制作 Flash CS6 动画 …………………………………………………… 103

实验四　Flash CS6 声音、按钮、脚本的基本综合应用 …………………………… 109

第二部分　课后习题及参考答案 …………………………………………………… 111

（一）课后习题 ……………………………………………………………………… 111

　　第 1 章　多媒体技术基础 …………………………………………………………… 111

　　第 2 章　图像处理技术 ……………………………………………………………… 112

　　第 3 章　音频处理技术 ……………………………………………………………… 114

　　第 4 章　视频处理技术 ……………………………………………………………… 115

　　第 5 章　动画制作技术 ……………………………………………………………… 117

　　第 6 章　多媒体应用系统设计与开发 ……………………………………………… 119

（二）参考答案 ……………………………………………………………………… 120

　　第 1 章　多媒体技术基础 …………………………………………………………… 120

　　第 2 章　图像处理技术 ……………………………………………………………… 120

　　第 3 章　音频处理技术 ……………………………………………………………… 121

　　第 4 章　视频处理技术 ……………………………………………………………… 121

　　第 5 章　动画制作技术 ……………………………………………………………… 121

　　第 6 章　多媒体应用系统设计与开发 ……………………………………………… 122

参考文献 ……………………………………………………………………………… 123

第一部分 实验指导

第1章 图像处理技术

实验一 Photoshop CS6 选取工具与基本绘图工具的应用

一、实验目的

(1) 掌握选取工具的使用方法。
(2) 掌握基本绘制工具的使用方法。
(3) 能够熟练运用选取工具和基本绘制工具进行简单图像合成及处理。

二、实验内容

(1) 建立选区(图像合成)。
(2) 绘制图形(制作艺术照片)。
(3) 自由创意设计。

三、实验步骤

(一) 建立选区(图像合成)

(1) 使用"文件"→"新建"菜单命令,打开"新建"对话框,新建一个名字为"图像合成"的图像文件,如图 1-1 所示。

图 1-1 "新建"对话框

(2) 使用"文件"→"打开"菜单命令,打开如图 1-2 所示图像文件。

图 1-2 "花草"图像

(3) 使用套索工具 ,创建一个选区,如图 1-3 所示。

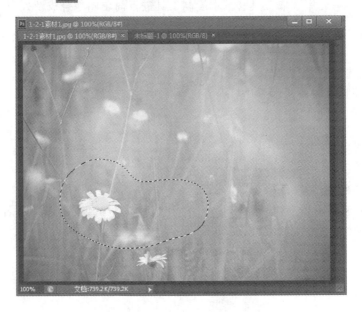

图 1-3 "花草"选区

（4）单击套索工具属性栏的"调整边缘"按钮 ，打开"调整边缘"对话框，设置参数（本例设置羽化值为15），如图1-4所示。

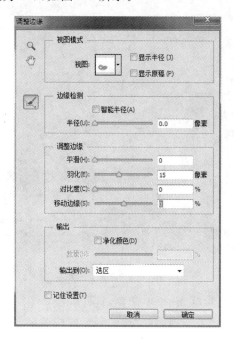

图1-4 "调整边缘"对话框

（5）使用"编辑"→"复制"菜单命令，或按【Ctrl+C】键。

（6）切换到"图像合成"图像窗口，使用"编辑"→"粘贴"菜单命令，或按【Ctrl+V】键。将粘贴新创建的图层命名为"花草"，使用移动工具 ，将"花草"图像移动到窗口左下角，效果如图1-5所示。

图1-5 "粘贴"效果图

(7) 使用"文件"→"打开"菜单命令,打开如图1-6所示图像文件。

图1-6 "花卉"图像

(8) 使用"选择"→"色彩范围"菜单命令,打开如图1-7所示"色彩范围"对话框。设置"颜色容差"值为30,选中"添加到取样"按钮 ,然后单击花瓣取样,创建"花卉"选区,如图1-8所示。

图1-7 "色彩范围"对话框

图 1-8 "花卉"选区

(9) 使用"编辑"→"复制"菜单命令,或按【Ctrl+C】键。

(10) 切换到"图像合成"图像窗口,使用"编辑"→"粘贴"菜单命令,或按【Ctrl+V】键,效果如图 1-9 所示。将粘贴新创建的图层命名为"花卉",图层面板如图 1-10 所示。

图 1-9 "花卉"粘贴效果图

图 1-10 "图像合成"图层面板

(11) 使用移动工具 ,将"花卉"图像移动到窗口右上角。

(12) 在"图层"面板上单击"花卉"图层,将其设置为当前图层,并将"不透明度"设置为 50%,设置如图 1-11 所示,效果如图 1-12 所示。

图 1-11 设置透明度"图像合成"图层面板

图 1-12 设置不透明度效果图

（13）设置背景色为白色，使用橡皮擦工具 ![橡皮擦],设置"不透明度"为 100%，在图像上拖动，效果如图 1-13 所示。降低"不透明度"，在图像上多次拖动，效果如图 1-14 所示。

图 1-13 "擦除"效果图

图 1-14 "多次擦除"效果图

(14) 使用"文件"→"打开"菜单命令,打开如图 1-15 所示图像文件。

图 1-15 "蝴蝶"图像

(15) 使用魔棒工具 ,选中图像的白色背景,再使用"选择"→"反选"菜单命令,选中蝴蝶。

(16) 使用"编辑"→"复制"菜单命令,或按【Ctrl+C】键。

(17) 切换到"图像合成"图像窗口,使用"编辑"→"粘贴"菜单命令,或按【Ctrl+V】键,将粘贴新创建的图层命名为"蝴蝶"。移动蝴蝶的位置,最终效果如图 1-16 所示。

(18) 使用"图层"→"拼合图像"菜单命令,将所有图层拼合成一个图层。

(19) 保存图像。

第 1 章　图像处理技术

图 1-16　"图像合成"效果图

(二) 绘制图形(制作艺术照片)

(1) 使用"文件"→"打开"菜单命令,打开如图 1-17 所示人物图像文件。

图 1-17　人物图像

(2) 选择渐变工具 ▭ ,单击属性栏上的渐变按钮 ▭ ,打开如图 1-18 所示"渐变编

· 9 ·

辑器"对话框,选择"色谱渐变"选项。在属性栏上选择"线性渐变"按钮▢,设置模式为"正常"、"不透明度"为100%,在图像上自左上至右下拖动鼠标,效果如图1-19所示。

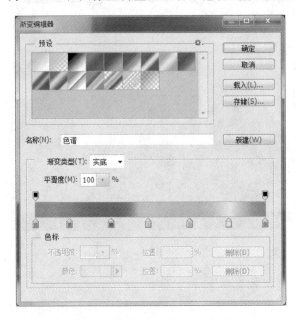

图1-18 "渐变编辑器"对话框

图1-19 "渐变"效果图

(3)选择历史记录画笔工具 , 在属性栏上单击画笔预设按钮 ![], 打开"画笔预设选取器",如图1-20所示。

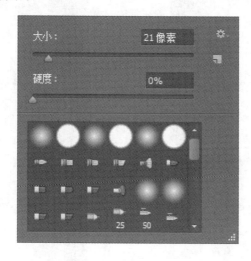

图1-20 画笔预设选取器

(4)单击"画笔预设选取器"上画笔菜单按钮 ![], 打开画笔菜单, 选择"特殊效果画笔"选项,单击"追加"按钮,选择69号画笔(杜鹃花串),如图1-21所示。

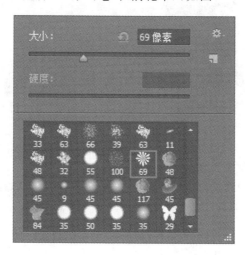

图1-21 选择"杜鹃花串"画笔

(5)单击属性栏上的"切换画笔面板"按钮 ![], 选择"画笔"标签,选中并设置"画笔笔尖形状"中的"形状动态"选项,如图1-22所示;选中并设置"画笔笔尖形状"中的"散布"选项,如图1-23所示。设置历史记录画笔的不透明度为80%,然后在图像上拖动鼠标,效果如图1-24所示;再设置历史画笔的不透明度为100%,第二次在图像上拖动鼠标(脸部),

效果如图 1-25 所示。

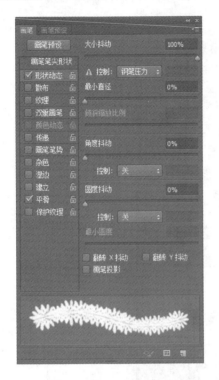

图 1-22 "杜鹃花串"画笔"形状动态"设置框

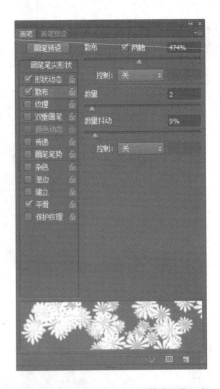

图 1-23 "杜鹃花串"画笔"散布"设置框

图 1-24 半透明历史记录画笔效果图

图 1-25 不透明历史记录画笔效果图

（6）在工具中选择画笔工具 ![brush]，单击属性栏上的"切换画笔面板"按钮 ![panel]，选择"画笔"标签，在"画笔笔尖形状"列表框中，选择 29 号画笔（蝴蝶形），选中并设置"画笔笔尖形状"中的"形状动态"选项，如图 1-26 所示；选中并设置"画笔笔尖形状"中的"散布"选项，如图 1-27 所示；选中并设置"画笔笔尖形状"中的"颜色动态"选项，如图 1-28 所示。设置前景色为黄色（♯ffff00），背景色为红色（♯ff0000），最后在图像上随意点画几只蝴蝶，完成效果如图 1-29 所示。

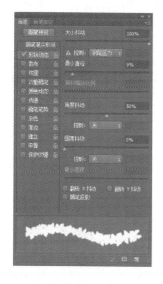

图 1-26　"蝴蝶"画笔"形状动态"设置框

图 1-27　"蝴蝶"画笔"散布"设置框

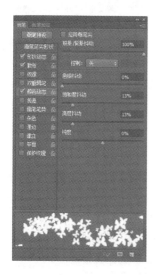

图 1-28　"蝴蝶"画笔"颜色动态"设置框

图 1-29　艺术照片效果图

(7) 使用"图层"→"拼合图像"菜单命令,将所有图层拼合成一个图层。

(8) 保存图像。

(三) 自由创意设计

灵活运用选取工具及基本绘图工具,进行图像的自由创意合成及处理。

实验二　图像的编辑

一、实验目的

(1) 掌握图像旋转复制的方法。

(2) 掌握图像变形的方法。

(3) 能够熟练运用图像编辑与变换工具进行图像变换及处理。

二、实验内容

(1) 建立选区。

(2) 描边选区。

(3) 旋转变换图像。

三、实验步骤

(一) 旋转复制图形(制作规则图形)

(1) 使用"文件"→"新建"菜单命令,打开"新建"对话框,新建一个名字为"旋转复制图像"的图像文件,如图 1-30 所示。

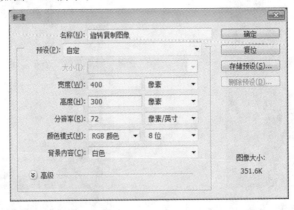

图 1-30　"新建"对话框

（2）在图像上建立一个椭圆选区，如图 1-31 所示。

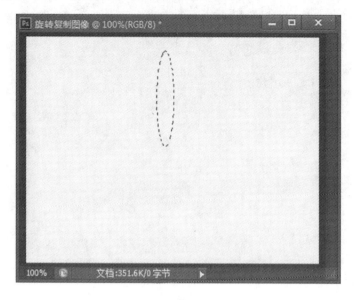

图 1-31 "椭圆"选区

（3）使用"编辑"→"描边"菜单命令，打开"描边"对话框，参数设置如图 1-32 所示，效果如图 1-33 所示。

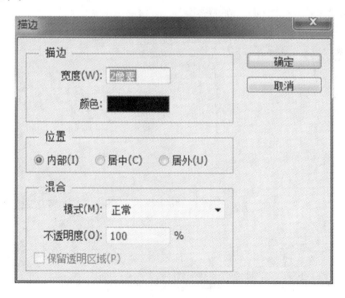

图 1-32 "描边"对话框参数设置

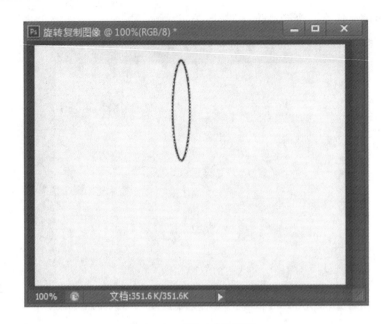

图 1-33 "描边"效果图

（4）使用"编辑"→"变换"→"旋转"菜单命令，按住【Alt】键，拖动旋转中心至变形框底部中点，如图 1-34 所示。

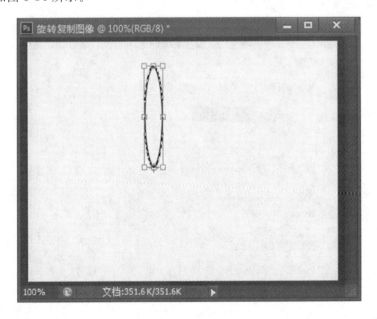

图 1-34 拖动旋转中心

(5) 在属性栏上,旋转角度输入 15,然后按【Enter】键,效果如图 1-35 所示。

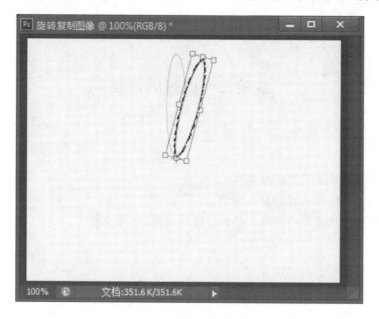

图 1-35 "旋转 15 度"效果图

(6) 按【Enter】键,然后多次按【Shift+Ctrl+Alt+T】键,效果如图 1-36 所示。

图 1-36 "旋转复制图像"效果图

(7) 保存图像。

（二）自由创意设计

灵活运用"编辑"→"变换"→"旋转/扭曲/变形"等菜单命令,进行图像的自由变换及处理。

实验三　图像的修复

一、实验目的

（1）掌握图像修复工具的基本原理。
（2）掌握图像修复工具的基本用法。
（3）能够熟练运用图像修复工具进行图像编辑、处理及创作。

二、实验内容

（1）修补工具的使用。
（2）仿制图章工具的使用。
（3）修复画笔、污点修复画笔工具的使用。

三、实验步骤

（一）去除照片上的污渍

（1）使用"文件"→"打开"菜单命令,打开如图 1-37 所示的图像文件（图像上沾了一些污渍,需要去除污渍）。

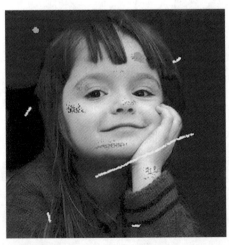

图 1-37　带污渍的图像

（2）选择修补工具 ![icon]，并在其属性栏上选择"源"选项。把小姑娘左上侧的污渍圈起来，如图 1-38 所示。

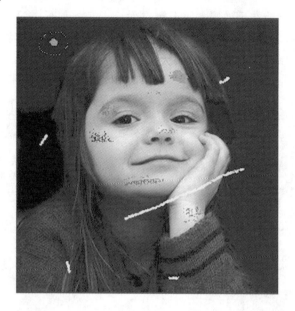

图 1-38 "修补"选区

（3）把光标移到选区内，按下鼠标不放，拖动到附近没有污渍的地方放开鼠标，然后取消选区，效果如图 1-39 所示。

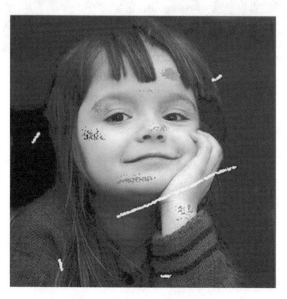

图 1-39 "修补"效果图

(4) 重复(2)~(3)操作,可去除所有黑色背景上的污渍。

(5) 选择修复画笔工具 ![] 或仿制图章工具 ![],在其属性栏上设置合适的形状、大小、不透明度、流量,接着在小姑娘衣服上污点附近干净处取样,多次在污渍上拖动(其间可多次取样及调整画笔或图章的形状、大小、不透明度、流量等),去除衣服上的所有污渍。

(6) 选取适当的工具(如修复画笔工具、污点修复画笔工具、修补工具等),并设置合适的属性,直至把小姑娘脸部、手部、颈部的所有污渍去除,效果如图 1-40 所示。

图 1-40 "去除污渍"效果图

(7) 保存图像。

(二) 美化人物照片

(1) 使用"文件"→"打开"菜单命令,打开如图 1-41 所示的图像文件(人物面部有斑点)。

(2) 使用模糊工具(也可适当使用涂抹工具),设置适当的大小和强度,在人物面部涂抹,注意避开五官附近的轮廓线,直到把人物面部斑点去除。

(3) 使用涂抹工具调整人物眉毛形状;使用锐化工具增强人物眼睛内部,使眼睛更有神;使用加深工具在人物头发处涂抹,使头发变黑;使用海绵工具在人物嘴唇处涂抹(增加饱和度模式),使嘴唇更红润。效果如图 1-42 所示。

第1章　图像处理技术

图 1-41　人物照片原图

图 1-42　人物照片美化效果图

(4)保存图像。

(三)自由创意设计

综合应用图像修复工具,进行图片的编辑、处理及创作。

实验四　图像色调和色彩的调整

一、实验目的

(1)掌握图像色彩的相关概念。

(2)掌握调整图像色彩的主要操作方法。

(3)能够熟练运用图像色彩调整命令进行图像编辑、处理及创作。

二、实验内容

(1)使用"亮度/对比度"命令。

(2)使用"色阶"命令。

(3)使用"色相/饱和度"命令。

(4)使用"色彩平衡"命令。

三、实验步骤

(一)调整图像的亮度及色彩(改变数码照片的亮度及色彩等)

(1)使用"文件"→"打开"菜单命令,打开如图 1-43 所示风景图像。

图 1-43　"风景"图像

（2）使用"图像"→"调整"→"色阶"菜单命令，打开"色阶"对话框，设置如图 1-44 所示，效果如图 1-45 所示。

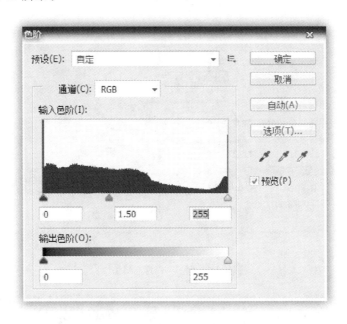

图 1-44　"色阶"对话框

图 1-45　"调整色阶"效果图

（3）使用"图像"→"调整"→"色彩平衡"菜单命令，打开"色彩平衡"对话框，设置如图 1-46 所示，效果如图 1-47 所示。

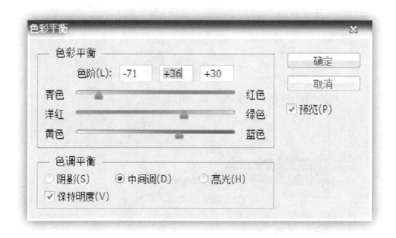

图 1-46　"色彩平衡"对话框

图 1-47　"调整色彩平衡"效果图

（4）使用"图像"→"调整"→"色相/饱和度"菜单命令，打开"色相/饱和度"对话框，设置如图 1-48 所示，效果如图 1-49 所示。

图 1-48 "色相/饱和度"对话框

图 1-49 "调整图像色相和饱和度"效果图

(5) 保存图像。

(二) 自由创意设计

综合应用图像调整命令，进行图片的编辑、处理及创作。

实验五　Photoshop CS6 图层的应用

一、实验目的

(1) 掌握图层的概念。

(2) 掌握图层的基本操作。

(3) 掌握"图层样式"对话框的使用。

(4) 熟练运用图层进行图像编辑、处理及创作。

二、实验内容

(1) 用魔棒建立选区，然后进行反选。

(2) 缩放小鸭选区。

(3) 复制小鸭图像。

(4) 对不同图层的小鸭进行移动位置、设置不透明度、翻转图像等操作，制作小鸭戏水的效果。

三、实验步骤

(一) 制作小鸭戏水图

(1) 使用"文件"→"打开"菜单命令，打开如图 1-50 所示"打开"对话框，并同时选中打开背景图像和小鸭图像，分别如图 1-51 和图 1-52 所示。

第 1 章　图像处理技术

图 1-50　"打开"对话框

图 1-51　"小鸭戏水"背景图像窗口

· 27 ·

图 1-52 "小鸭"图像窗口

（2）在"小鸭"图像窗口中选择魔棒工具 ，单击选中白色背景区域，如图 1-53 所示。

图 1-53 "小鸭背景"选区

（3）使用"选择"→"反向"菜单命令，建立小鸭选区，如图 1-54 所示。

图 1-54 "小鸭"选区

(4) 使用"编辑"→"变换"→"缩放"菜单命令，小鸭图像处于编辑状态，周围出现八个控制点，按住【Shift】键，沿对角线方向拖动鼠标，把小鸭等比例缩小，如图1-55所示。

图1-55　小鸭缩小图

(5) 按【Enter】键结束缩放操作。接着使用"编辑"→"复制"菜单命令，或按【Ctrl＋C】键，复制小鸭图像。

(6) 切换到背景图像窗口，多次使用"编辑"→"粘贴"菜单命令，或按【Ctrl＋V】键，将小鸭图像粘贴到背景图像窗口中，图层面板如图1-56所示。

图1-56　"小鸭戏水"图层面板

(7) 用移动工具，分别将不同小鸭图层中的小鸭移动到合适位置，如图1-57

所示。

图 1-57 "小鸭戏水"窗口

（8）选中不同图层中的小鸭,使用"编辑"→"变换"→"水平翻转/旋转"菜单命令,改变小鸭的方向。

（9）在如图 1-58 所示的图层面板中,设置各图层的不透明度分别为 100%、70%、60%、50%等,效果如图 1-59 所示。

图 1-58 设置透明度"小鸭戏水"图层面板

图 1-59 "小鸭戏水"效果图

(10) 使用"图层"→"拼合图像"菜单命令,将所有图层拼合成一个图层。

(11) 保存图像。

(二) 自由创意实验

灵活运用图层进行图像的编辑、处理及创作。

实验六　Photoshop CS6 路径的应用

一、实验目的

(1) 掌握路径的概念。

(2) 掌握路径的绘制和描边方法。

(3) 熟练运用路径进行图像的编辑、处理及创作。

二、实验内容

(1) 绘制路径。

(2) 描边路径。

(3) 制作霓虹灯效果。

三、实验步骤

（一）制作霓虹灯效果

（1）使用"文件"→"打开"菜单命令，打开如图 1-60 所示的建筑物图像。

（2）选择钢笔工具 ，建立如图 1-61 所示的路径。

图 1-60　"建筑物"图像　　　　　　　　图 1-61　"路径"示意图

（3）选择画笔工具 ，单击其属性栏上的"切换画笔面板"按钮 ，在打开的对话框中，单击"画笔笔尖形状"按钮，参数设置如图 1-62 所示。

（4）打开"图层"面板，单击"创建新图层"按钮 ，新建一个图层并命名为"图层 1"。

（5）使用路径选择工具 ，按住【Shift】键选择所有路径，如图 1-63 所示。

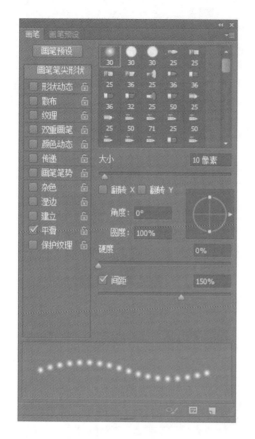

图 1-62 "霓红灯-画笔笔尖形状"面板　　　图 1-63 选择整条路径图

（6）设白色为前景色，在路径上单击右键，在快捷菜单中使用"描边路径"命令，打开"描边路径"对话框，参数设置如图 1-64 所示，效果如图 1-65 所示。

图 1-64 "描边路径"对话框

（7）打开"路径"面板，单击"将路径作为选区载入"按钮 ，效果如图 1-66 所示。

图1-65 "描边路径"效果图　　　　图1-66 "载入选区"效果图

（8）回到"图层"面板，单击"图层 1"，再按住【Ctrl】键，单击"图层 1"的缩览图，建立的选区如图 1-67 所示。

（9）选择渐变工具，设置渐变方式为"线性渐变"，在渐变编辑器中，设置颜色为"色谱"，然后在图像上拖动鼠标，按【Ctrl＋D】键取消选择，即得到霓虹灯效果，如图 1-68 所示。

图1-67 "建立选区"效果图　　　　图1-68 "霓红灯"效果图

(10)存储图像为"霓虹灯效果.jpg"。

（二）自由创意设计

灵活运用路径进行图像的编辑、处理及创作。

实验七　Photoshop CS6 通道的应用

一、实验目的

(1)掌握通道的概念。
(2)掌握通道的操作。
(3)通过实例操作,掌握通道在图像处理(特别是人物抠图)中的应用。

二、实验内容

(1)复制通道。
(2)反选通道。
(3)调整色阶。
(4)借助通道建立人物选区。
(5)在 RGB 通道复制人物选区,然后将人物粘贴到背景图像中。

三、实验步骤

（一）制作人物抠图效果

(1)使用"文件"→"打开"菜单命令,打开如图 1-69 所示人物图片,切换到"通道"面板,选择"蓝"通道,复制"蓝"通道,生成"蓝副本"通道,如图 1-70 所示。

图 1-69　源文件

图 1-70 "蓝副本"通道面板

（2）隐藏"蓝"通道，选中并显示"蓝副本"通道，然后使用"图像"→"调整"→"反相"菜单命令，效果如图 1-71 所示。

图 1-71 "反相"效果图

（3）使用"图像"→"调整"→"色阶"菜单命令，弹出"色阶"对话框，设置输入色阶为 31.1.00.242，使背景颜色更黑。

（4）使用"魔棒"工具 ，选中黑色背景，然后使用"选择"→"反相"菜单命令，反选人物部分，效果如图 1-72 所示。

图1-72 "人物"选区

（5）按住【Alt】键，用魔棒工具单击人物身体下方阴影部分、高跟鞋下方部分和由手与身体围成的部分，缩小选区，精确选择人物选区。

（6）切换到"RGB"通道，效果如图1-73所示。

图1-73 "精确人物"选区

（7）使用"编辑"→"复制"菜单命令，或按【Ctrl＋C】键，复制人物图像。

（8）打开一幅背景图片，使用"编辑"→"粘贴"菜单命令，或按【Ctrl＋V】键，将选中的人物部分粘贴到背景图片中，并对其大小和位置进行适当的调整，效果如图 1-74 所示。

图 1-74 "人物抠图"效果图

(二) 自由创意设计

灵活应用通道，创建各种复杂选区，进行图片的编辑、处理及创作。

实验八　Photoshop CS6 蒙版的应用

一、实验目的

(1) 掌握蒙版的概念。
(2) 掌握蒙版的操作。
(3) 通过实例操作，掌握蒙版在图像处理（特别是过渡渐变）中的应用。

二、实验内容

(1) 使用反向建立选区。
(2) 使用"编辑"菜单中"变换"下面的"缩放"命令，调整飞机的大小。
(3) 为飞机图层添加图层蒙版。
(4) 使用线性渐变填充图层蒙版，从而产生渐隐效果。

三、实验步骤

(一) 制作飞机隐入云宵效果图

(1) 使用"文件"→"打开"菜单命令,打开如图 1-75 所示天空图像。

图 1-75 "天空"图像

(2) 使用"文件"→"打开"菜单命令,打开如图 1-76 所示飞机图像。

图 1-76 "飞机"图像

(3) 在飞机图像窗口，使用裁剪工具 ，剪去飞机下方云朵区域。

(4) 使用"魔棒"工具 ，选中飞机背景，然后使用"选择"→"反相"菜单命令，反选飞机部分。效果如图 1-77 所示。

图 1-77　"飞机图像"选区

(5) 使用"编辑"→"复制"菜单命令，或按【Ctrl＋C】键，复制飞机图像。

(6) 切换到天空图像窗口，使用"编辑"→"粘贴"菜单命令，或按【Ctrl＋V】键，将飞机粘贴到天空图像窗口中，并将图层面板中的"图层 1"改名为"飞机"，如图 1-78 所示。

图 1-78　飞机图层面板

(7) 按住【Ctrl】键，单击图层面板中飞机图层缩览图，选中飞机。

(8) 使用"编辑"→"变换"→"缩放"菜单命令，适当调整飞机的大小和位置，效果如图 1-79 所示。

图 1-79　飞机位置图

(9) 选中飞机图层，单击图层面板中的"添加图层蒙版"按钮，为飞机图层添加蒙版，如图 1-80 所示。

图 1-80　飞机图层面板（蒙版）

(10) 单击图层面板中的图层蒙版缩览图,使图层蒙版处于编辑状态。

(11) 将前景色设置成黑色,背景色设置成白色,用线性渐变工具(从前景色到背景色)在飞机图像窗口中从飞机头部向尾部拖动鼠标,产生飞机逐渐隐入云宵的效果,如图 1-81 所示。

图 1-81 "飞机隐入云宵"效果图

(12) 将图层蒙版缩览图拖动到图层面板底部的"删除图层"按钮上,出现一个选择对话框,单击"应用"按钮,将蒙版效果应用到当前图层中,然后删除该蒙版。

(13) 使用"图层"→"拼合图像"菜单命令,将图像拼合成一层。

(14) 保存图像。

(二) 自由创意设计

灵活运用蒙版和渐变填充工具,进行图片的编辑、处理及创作。

实验九 Photoshop CS6 滤镜的应用

一、实验目的

(1) 掌握滤镜的种类。
(2) 掌握常用滤镜的使用方法。
(3) 能够熟练运用滤镜进行图像的编辑、处理及创作。

二、实验内容

(1) 使用"风"滤镜。

(2)使用"波纹"滤镜。
(3)使用"高斯模糊"滤镜。
(4)图像模式的转换。

三、实验步骤

(一)制作火焰字

(1)单击工具栏设置背景色按钮,打开如图1-82所示"拾色器"对话框,设置背景色为黑色。

图1-82 "拾色器"对话框

(2)使用"文件"→"新建"菜单命令,打开如图1-83所示"新建"对话框,设置背景色为黑色,建立一个新图像文件。

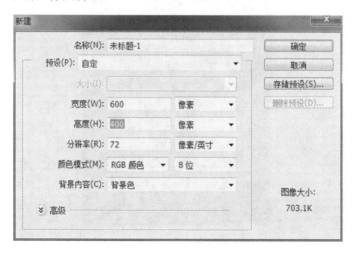

图1-83 "新建"对话框

(3)选择文字工具 T,在其属性栏中,设置字体为"华文行楷",大小为 100 点,颜色为白色。在图像窗口单击鼠标,输入文字,按【Ctrl+Enter】键结束文字录入编辑操作,效果如图 1-84 所示。

图 1-84 火焰字

(4)使用"图层"→"拼合图像"菜单命令,将火焰字图层与背景图层拼合成一个图层。
(5)使用"图像"→"图像旋转"→"90 度(顺时针)"菜单命令,效果如图 1-85 所示。

图 1-85 旋转火焰字

（6）使用"滤镜"→"风格化"→"风"菜单命令，打开"风"对话框，参数设置如图 1-86 所示，效果如图 1-87 所示。

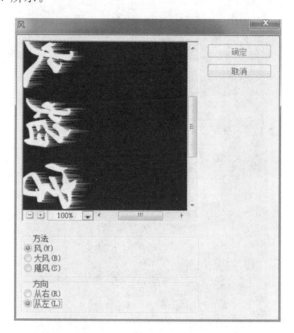

图 1-86　"风"对话框

图 1-87　火焰字"风"效果图

(7) 按两次【Ctrl+F】键,执行两次"风"滤镜,效果如图 1-88 所示。

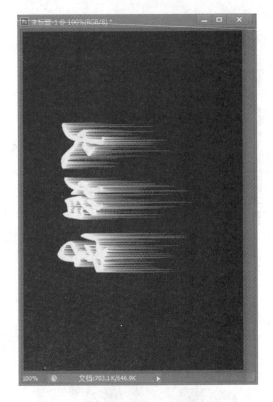

图 1-88　火焰字两次"风"滤镜效果图

(8) 使用"图像"→"图像旋转"→"90 度(逆时针)"菜单命令,效果如图 1-89 所示。

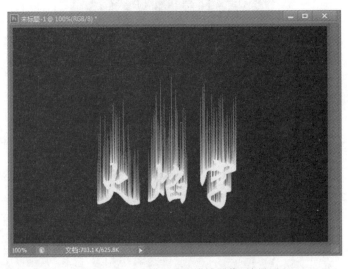

图 1-89　火焰字"逆时针旋转图像"效果图

（9）使用"滤镜"→"扭曲"→"波纹"菜单命令，打开"波纹"对话框，参数设置如图 1-90 所示，效果如图 1-91 所示。

图 1-90　"波纹"对话框

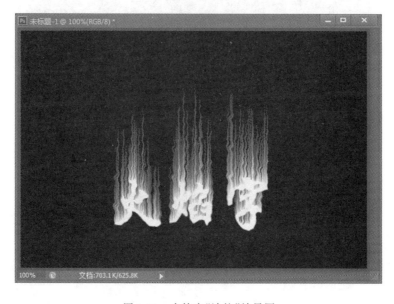

图 1-91　火焰字"波纹"效果图

(10) 使用"滤镜"→"模糊"→"高斯模糊"菜单命令,打开"高斯模糊"对话框,参数设置如图 1-92 所示,效果如图 1-93 所示。

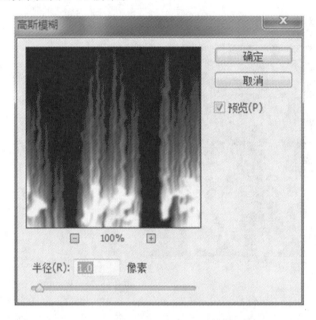

图 1-92　火焰字"高斯模糊"对话框

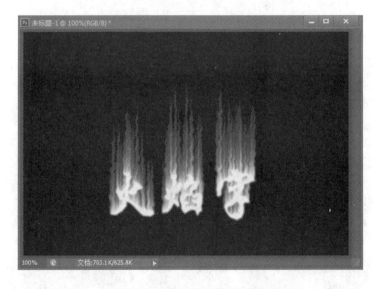

图 1-93　火焰字"高斯模糊"效果图

(11) 使用"图像"→"模式"→"灰度"菜单命令,打开如图 1-94 所示的对话框,单击"确定"按钮。

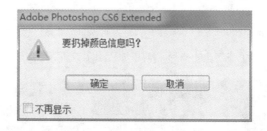

图 1-94 "扔掉颜色"对话框

(12) 使用"图像"→"模式"→"索引颜色"菜单命令。

(13) 使用"图像"→"模式"→"颜色表"菜单命令,打开如图 1-95 所示"颜色表"对话框,在"颜色表"下拉列表中选择"黑体"选项,最后效果如图 1-96 所示。

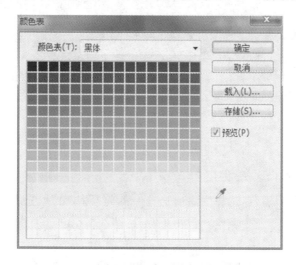

图 1-95 "颜色表"对话框

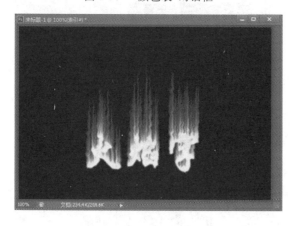

图 1-96 火焰字效果图

(14)保存图像。

(二)制作下雪效果

(1)使用"文件"→"打开"菜单命令,打开如图 1-97 所示背景图像。

图 1-97　背景图

(2)使用"图层"→"新建"→"图层"菜单命令,或单击"图层"面板中的"创建新图层"按钮,将新创建的图层命名为"图层 1"。

(3)设置前景色为黑色,选择油漆桶工具 ,将"图层 1"填充成黑色。

(4)使用"滤镜"→"像素化"→"点状化"菜单命令,打开"点状化"对话框,参数设置如图 1-98 所示。

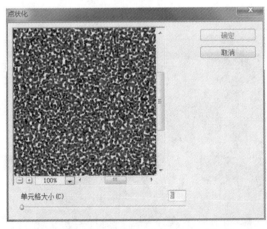

图 1-98　"点状化"对话框

(5) 使用"图像"→"调整"→"阈值"菜单命令,打开"阈值"对话框,参数设置如图1-99所示,效果如图1-100所示。

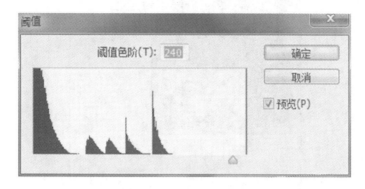

图 1-99 "阈值"对话框

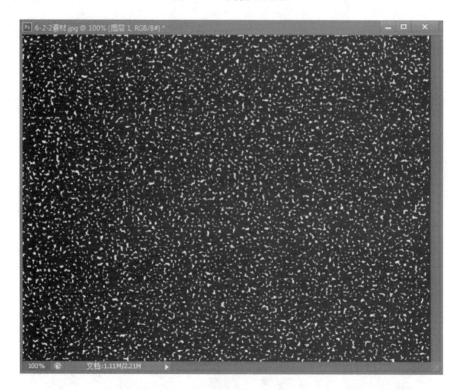

图 1-100 调整"阀值"效果图

(6) 使用"滤镜"→"模糊"→"动感模糊"菜单命令,打开"动感模糊"对话框,参数设置如图1-111所示,效果如图1-112所示。

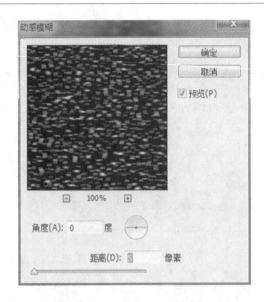

图 1-111 "动感模糊"对话框

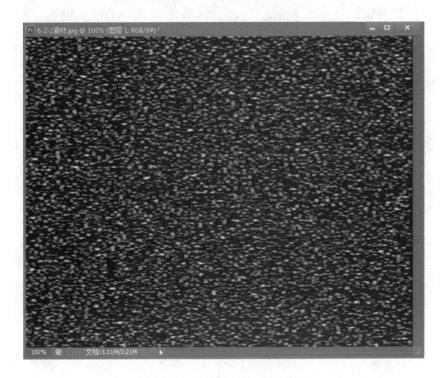

图 1-112 下雪"动感模糊"效果图

(7) 使用菜单"滤镜"→"模糊"→"高斯模糊"菜单命令,打开"高斯模糊"对话框,参数设置如图 1-113 所示,效果如图 1-114 所示。

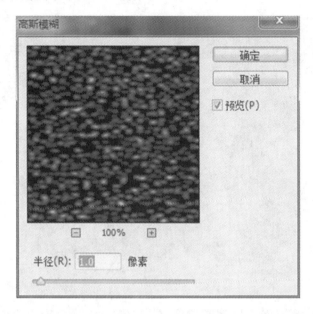

图 1-113　下雪"高斯模糊"对话框

图 1-114　下雪"高斯模糊"效果图

(8) 在"图层"面板中,设置"图层 1"的混合模式为"滤色",效果如图 1-115 所示。

图 1-115　下雪效果图

(9) 使用"图层"→"拼合图像"菜单命令,将图像拼合成一个图层。

(10) 保存图像。

(三) 自由创意设计

灵活应用滤镜工具进行图片的编辑、处理及创作。

实 验 十　综 合 实 验

一、实验目的

(1) 体会作品构思和设计的全过程。

(2) 熟练、灵活运用各种图像编辑工具进行图像的编辑、处理及创作。

(3) 综合应用各种操作和操作技巧,设计制作作品。

二、实验内容

(1) 图书封面、侧面设计。

(2) 图书封面效果制作。

(3)图书侧面效果制作。
(4)图书整体效果制作。

三、实验步骤

（一）图书效果的设计与制作

（1）使用"文件"→"打开"菜单命令，打开如图 1-116 所示的"图书背景"图像，"图层"面板如图 1-117 所示。

图 1-116 "图书背景"图像

（2）双击"图书背景"图层面板中"背景"图层，打开"新建图层"对话框，设置如图 1-118 所示。

图 1-117 "图书背景"图层面板

图 1-118 "新建图层"对话框

(3) 设置"背景"图层不可见。

(4) 使用"文件"→"打开"菜单命令,打开如图 1-119 所示"打开"对话框,选择并打开如图 1-120 所示图像。

图 1-119 "书封面"背景图片"打开"对话框

图 1-120 "书封面"背景图

（5）使用裁剪工具 ,裁剪图像,把需要的部分复制到"图书背景"窗口中,并把该图层改名为"书封面",效果如图 1-121 所示。

图 1-121 "书封面"图

(6) 使用"文件"→"打开"菜单命令,打开一幅图像,并在该图像上建立一个椭圆选区,效果如图 1-122 所示。

图 1-122 "椭圆"选区

(7) 使用"选择"→"修改"→"羽化"菜单命令,设置羽化半径为 20 像素,然后把选区中的图像复制到"图书背景"窗口中,设置图层不透明度为 50%,效果如图 1-123 所示。

图 1-123 加人物书封面

(8) 选择直排文字工具 ![iT]，在如图 1-124 所示属性栏设置合适的字体、字号、颜色等，在书封面上写上书名"花季 雨季"。

图 1-124 "文字工具"属性栏

(9) 使用"图层"→"栅格化"→"文字"菜单命令，再调整字的位置，效果如图 1-125 所示。

图 1-125 "文字栅格化"效果图

(10) 双击书名图层，打开"图层样式"对话框，为书名添加"投影"、"斜面和浮雕"图层效果，"图层样式"对话框设置如图 1-126 所示，效果如图 1-127 所示。

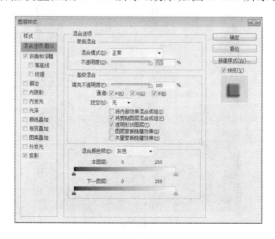

图 1-126 "图层样式"对话框

图 1-127 应用图层样式"书封面"图

（11）选择横排文字工具 ，输入作者和出版社名，效果如图 1-128 所示。

图 1-128 "书封面"效果图

(12)把"书封面"图层设为当前图层,在图层面板菜单中选择"合并可见图层"选项,图层设置如图 1-129 所示。

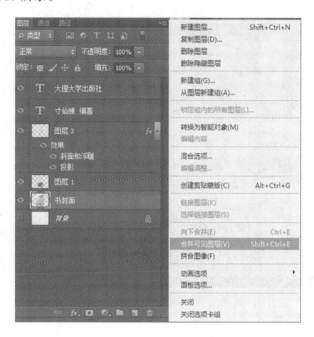

图 1-129 "书封面"图层设置效果图

(13)新建图层并命名为"书侧面",使用矩形选框工具建立一个矩形选区,选择前景色为绿色,使用"编辑"→"填充"菜单命令,或选择油漆桶工具,填充选区为绿色,效果如图 1-130 所示。

图 1-130 "书侧面"背景图

（14）选择直排文字工具 IT，在书侧面上输入文字（书名、作者、出版社），效果如图 1-131 所示。

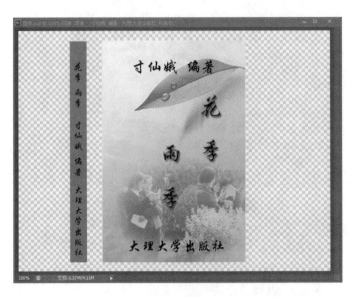

图 1-131　输入文字"书侧面"图

（15）把书侧面上的文字层设为当前图层，使用"图层"→"栅格化"→"文字"命令，然后在图层面板菜单中选择"向下合并"选项，让文字层合并到书侧面层。

（16）切换"书封面"为当前图层，使用"编辑"→"自由变换"菜单命令或"编辑"→"变换"→"扭曲"菜单命令，拖动变形框的顶点，使书封面发生扭曲变形，效果如图 1-132 所示。

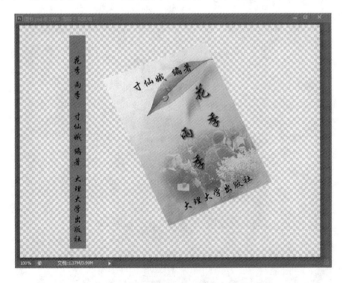

图 1-132　"书封面"扭曲变形图

（17）切换"书侧面"为当前图层，使用"编辑"→"自由变换"菜单命令或"编辑"→"变换"→"扭曲"菜单命令，拖动变形框的顶点，使书侧面发生扭曲变形，效果如图1-133所示。

图1-133 "书侧面"扭曲变形图

（18）新建一个图层，命名为"书侧面2"，使用多边形套索工具在该图层上建立一个选区。

（19）切换"书侧面2"为当前图层，使用"编辑"→"填充"命令，填充选区为白色，或设置前景色为白色，使用油漆桶工具填充选区，效果如图1-134所示。

图1-134 "书侧面2"填充效果图

(20) 设置前景色为灰色,选择工具栏中的直线工具,在其属性栏中激活按钮,将粗细设置为1像素。在图书的厚皮位置绘制书页线条,效果如图1-135所示。

图1-135 绘制书页线条图

(21) 在"书侧面2"层上建立一个椭圆选区。

(22) 使用"编辑"→"清除"菜单命令,删除椭圆形选区中的图像,效果如图1-136所示。

图1-136 "书侧面2"效果图

(23) 在"书封面"层下建立一个新图层"书底面"。

(24) 使用多边形套索工具在"书底面"上建立一个小矩形选区。

(25) 使用"编辑"→"填充"菜单命令,填充选区为绿色或设置前景色为绿色,使用油漆桶工具填充选区,效果如图 1-137 所示。

图 1-137 "书底面"填充图

(26) 设置"背景"层可见。

(27) 使用"图层"→"拼合图像"菜单命令,将图像拼合成一层,效果如图 1-138 所示。

图 1-138 "图书"效果图

（28）使用"文件"→"存储为"菜单命令，将图像命名为"图书"并以"jpg"格式进行保存。

（二）自由创意设计（设计制作一幅图书的封面）

按下面内容及提示进行创作，实现图像的无缝拼接和各种效果。

（1）设置图像大小为横向 A4 纸（宽 29.7 厘米、高 21 厘米）。

（2）以设计者校园图片为封面，设计者为主编，设计者的照片为主体，自行选题（自取书名）。

（3）围绕"美丽校园"主题进行设计，充分发挥想象力，体现赞美学校、欣赏自己的意境。

（4）书名、出版社设计成艺术字或五彩字。

（5）作者信息包含班级、学号、姓名。

（6）拼合图像。

（7）将作品保存成设计者"学号姓名"为文件名、"jpg"为扩展名的图像文件。

第 2 章　音频处理技术

实验　音频处理软件 Adobe Audition CS6 基本操作

一、实验目的

（1）熟悉 Adobe Audition CS6 的基本操作。
（2）掌握 Adobe Audition CS6 的音频采集方法。
（3）掌握 Adobe Audition CS6 的一般音频编辑方法。
（4）掌握 Adobe Audition CS6 常用音频效果的处理方法。

二、实验内容

（1）录制音频。
（2）音频降噪。
（3）合成音频。

三、实验步骤

（一）录制音频

（1）启动 Adobe Audition CS6，使用"文件"→"新建"→"音频文件"菜单命令，在弹出的"新建音频文件"对话框中设置文件名为"音频实验示例1"，如图 2-1 所示。

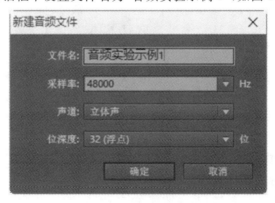

图 2-1　"新建音频文件"对话框

(2)确定将麦克风插入到计算机声卡的麦克风插口。右击托盘区的喇叭图标,单击"录音设备"按钮,在"录制"选项卡中选择带有"FrontMic"或"麦克风"选项,不同声卡设置不尽相同,单击"确定"按钮,如图 2-2 所示。

图 2-2 设置录音设备

(3)返回 Adobe Audition CS6 主界面,单击"录制"按钮(或按【Shift+Space】键),对准麦克风,开始进行录音。此时可以看到 Adobe Audition CS6 主界面上的声音记录波形,如图 2-3 所示。

需要注意的是,在开始录音之后,应该先录制 10 秒左右的环境噪音,然后再开始录制自己的声音,这样可以方便后期进行降噪处理。

图 2-3 录制音频过程界面

（4）录制完成后，再次单击"录制"按钮，停止录制。单击"播放"按钮，监听录制效果，如果录制效果达到录制要求，即可使用"文件"→"存储"菜单命令来保存录制的音频，把录制的音频文件保存为"录制音频示例 1.wav"，如图 2-4 所示。

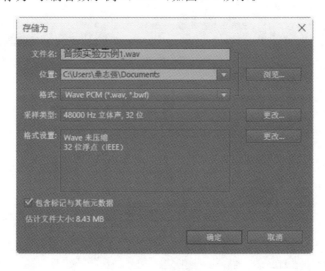

图 2-4 保存录制音频文件

(二)音频降噪

对于录制完成的音频,由于硬件设备和环境的制约,总会有噪音生成,所以,我们需要对音频进行降噪,以使得声音干净、清晰。

(1)启动 Adobe Audition CS6,使用"文件"→"打开"菜单命令,选择"音频实验示例1.wav"文件,如图 2-5 所示。

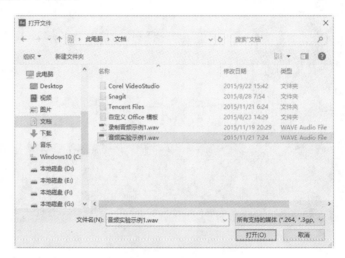

图 2-5 打开"音频实验示例 1.wav"文件

(2)单击"打开"按钮后,主界面如图 2-6 所示。

图 2-6 打开文件后的主界面

(3) 将音频文件开始阶段录制的环境噪音中有爆音的地方删除,选中爆音区域,单击鼠标右键,使用"删除"命令即可删除爆音区域,如图 2-7 所示。

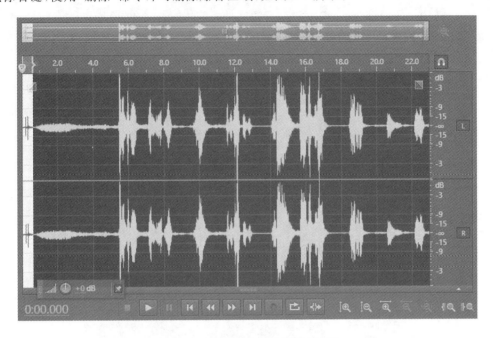

图 2-7　选中音频文件中的爆音波形

(4) 选中音频文件开始阶段录制的环境噪音中平缓的噪音片段,如图 2-8 所示。

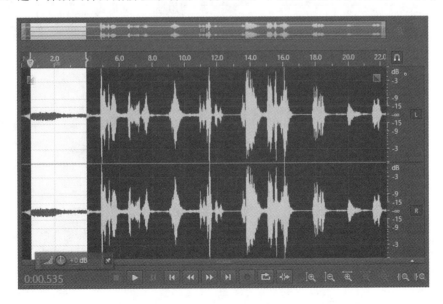

图 2-8　选中音频文件中平缓的噪音片段

在选中的区域上单击鼠标右键,然后在弹出的快捷菜单中,选择"捕捉噪声样本"选项,定义噪声样本。

(5)按【Ctrl+A】组合键,选中整个音频文件。使用"效果"→"降噪"→"降噪处理"菜单命令,在弹出的菜单中单击"应用"按钮,即可完成音频文件的降噪处理,如图 2-9 所示。

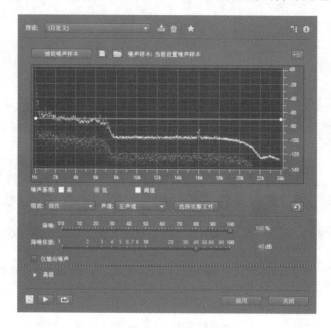

图 2-9 "降噪处理"对话框

(6)降噪处理结果如图 2-10 所示,从波形中可以明显看到环境噪音波形已经被消除。使用"文件"→"存储"菜单命令保存降噪效果。

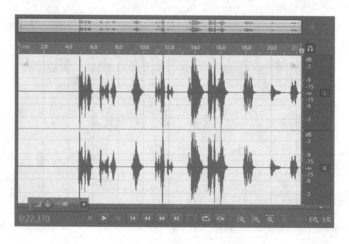

图 2-10 降噪效果图

(三) 合成音频

在音频文件编辑处理中，有时候需要给旁白音频合成适当的背景音乐，或者将多个音频合成为一个音频，下面我们以实验中录制并经过降噪处理的"音频实验示例 1.wav"文件合成背景音乐为例来介绍合成音频的过程。

(1) 启动 Adobe Audition CS6，单击菜单栏下面的"多轨混音"按钮，在弹出的"新建多轨混音"对话框中设置混音项目名称为"合成音频实验"，保持其余参数值为默认值，如图 2-11 所示，单击"确定"按钮，如图 2-12 所示。

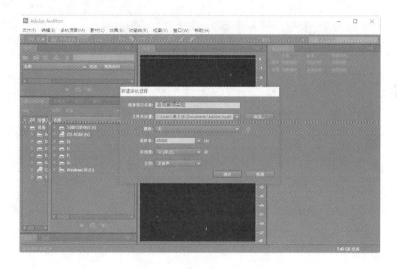

图 2-11　新建多轨混音设置窗口

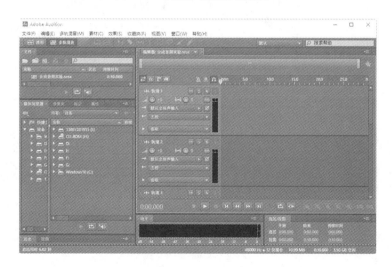

图 2-12　多轨混音窗口

（2）使用"文件"→"导入"→"文件"菜单命令，选择需要合成处理的两个音频文件："音频实验示例1.wav"和"口琴.wav"，并单击"打开"按钮，刚刚导入的两个文件会显示在主界面左侧的"文件"标签卡中，如图2-13所示。

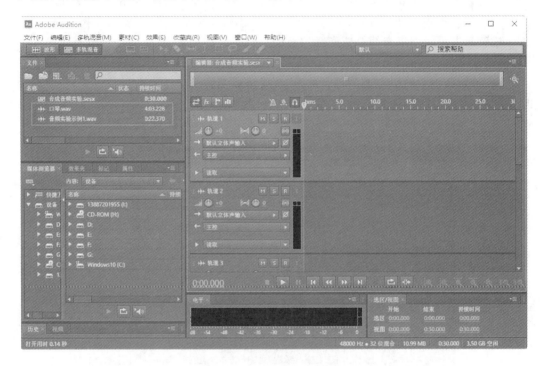

图2-13　音频文件导入

（3）用鼠标左键分别拖动两个导入的音频文件到轨道1和轨道2。在拖入的过程，系统弹出"插入文件'口琴.wav'的采样率与混音采样率不匹配。点按确定将制作一个可以匹配混音采样率的文件副本"提示框，如图2-14所示。

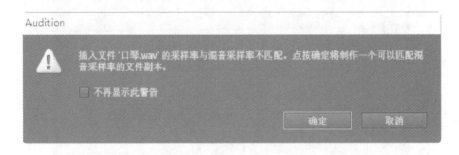

图2-14　"转换音频文件采样率"提示框

直接单击"确定"按钮，即可完成转换并插入音频，插入效果如图2-15所示。

第 2 章　音频处理技术

图 2-15　音频导入效果

（4）将轨道 1 和轨道 2 的时间处理成同样的长度。将鼠标靠近轨道 1 的结尾位置，鼠标形状变为一个红色的"】"形状，按下左键，向左拖动，直到和轨道 2 有相同的长度为止，如图 2-16 所示。

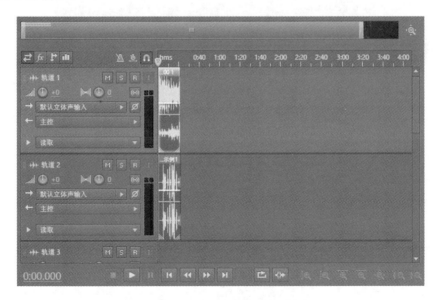

图 2-16　调整轨道为相同长度

（5）导出合成音频效果。使用"文件"→"导出"→"多轨缩混"→"完整混音"菜单命令，在弹出的对话框中指定导出的文件格式，本例的文件格式选择为"wav"，文件命名为"合成音频实验结果"，如图 2-17 所示，单击"确定"按钮，即可导出合成的音频效果。

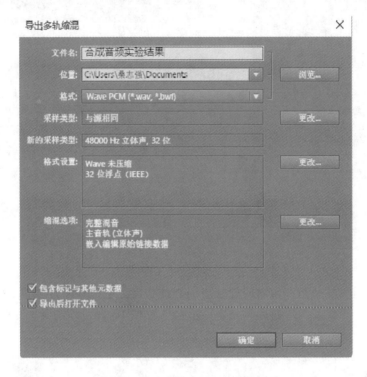

图 2-17　导出合成音频文件参数设置

第 3 章 视频处理技术

实验一 初识会声会影 X2

一、实验目的

(1) 掌握有关的常用工具按钮功能和使用方法。
(2) 熟悉会声会影 X2 非线性编辑软件工作界面。
(3) 熟悉影片后期编辑的制作流程和基本方法。
(4) 熟悉创建项目、影片组接、视频转场等基本操作方法。
(5) 了解菜单、面板、窗口、工具栏和按钮的功能。

二、实验内容

创建项目、影片组接、视频转场等基本操作。

三、实验步骤

(1) 启动会声会影 X2。使用"开始"→"程序"→"会声会影 X2"菜单命令,弹出会声会影 X2 主界面,如图 3-1 所示。单击"会声会影编辑器"按钮,进入"会声会影 X2"工作界面,如图 3-2 所示。

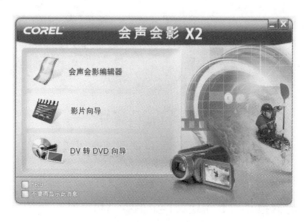

图 3-1 会声会影 X2 主界面

图 3-2 会声会影 X2 工作界面

（2）使用"文件"→"新建项目"菜单命令，按照默认的参数设置创建一个新的数字电影项目。

（3）使用"步骤选项组"中的"捕获"命令，选择"图像"选项，然后在计算机中选择编辑所需要的图像文件，单击"打开"按钮，所选择的图像素材文件即导入会声会影 X2 项目窗口中，如图 3-3 所示。

图 3-3 图像素材窗口

（4）将各个图像素材文件依次从素材窗口拖动到时间线窗口的视频轨道上，如图 3-4 所示。

（5）单击"效果"步骤选项卡，切换到"效果"面板。在"相册"选项中选择"翻转"效果，然后按住鼠标左键，将其拖动到时间线窗口上的第一和第二个素材片段的交界处释放，视频的切换效果添加成功。使用同样的方式为其余素材片段添加视频切换效果，如图 3-5 所示。

图 3-4　图像时间线窗口

图 3-5　添加视频切换效果

（6）视频切换添加效果可以直接在节目视窗中预览，如图 3-6 所示。

图 3-6　视频切换效果图

（7）使用"文件"→"保存"菜单命令，把项目文件以"电子相册.vsp"文件名保存。

在时间线上制作完成影片后，将影片以视频文件格式输出。影片的输出可以在分享选项中进行设置。

实验二　编辑影片素材

一、实验目的

(1) 初步掌握会声会影 X2 编辑影片的基本方法。
(2) 熟悉编辑工具按钮的功能和使用方法。

二、实验内容

截取视频片段。

三、实验步骤

(1) 启动会声会影 X2 视频编辑软件。

(2) 使用"文件"→"新建项目"菜单命令,按照默认的参数设置创建一个新的数字电影项目。

(3) 使用"步骤选项组"中的"捕获"命令,选择"视频"选项,然后在计算机中选择编辑所需要的视频文件 wildlife.wmv,单击"打开"按钮,所选择的图像素材文件即导入会声会影 X2 项目窗口中,如图 3-7 所示。

图 3-7　视频素材窗口

(4) 将视频素材文件 wildlife.wmv 从素材窗口拖动到时间线窗口的视频轨道上,如图 3-8 所示。

(5) 在时间线窗口中,选中需要进行剪切处理编辑的视频素材片段,然后选择"视频"参数设置窗口中的"多重修整视频"选项进入"多重修整视频"设置窗口,如图 3-9 所示。

第 3 章　视频处理技术

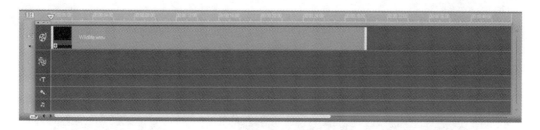

图 3-8　视频时间线窗口

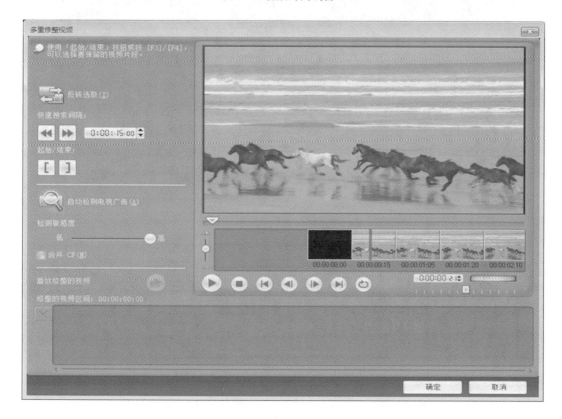

图 3-9　多重修整视频窗口

（6）在窗口中通过拖动"飞梭轮"来逐帧预览视频，找到某段视频的起始点后单击"起始点"按钮；再用相同的方法找到结束点后单击"结束点"按钮，如图 3-10 所示。

（7）单击"确定"按钮，应用刚才的设置，即可完成影片素材的裁剪操作，如图 3-11 所示。

（8）使用"文件"→"保存"菜单命令，把项目文件以"视频处理.vsp"作为文件名保存。

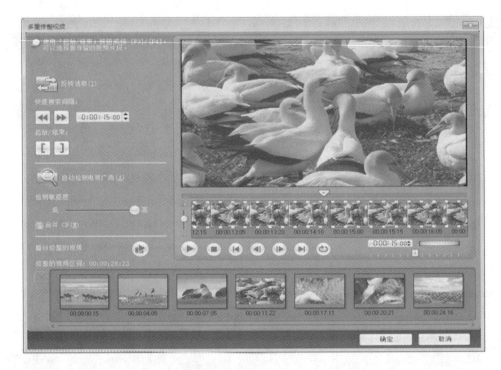

图 3-10 逐帧预览视频

图 3-11 视频素材裁剪

实验三 制作字幕

一、实验目的

(1) 熟悉会声会影 X2 非线性编辑软件标题窗口以及制作字幕的设置。
(2) 掌握滚屏字幕的相关参数设置。
(3) 学会字幕制作和简单的图形绘制方法。

二、实验内容

(1) 字幕制作的基本操作。

(2) 字幕对象的属性设置。

(3) 滚屏字幕的制作。

(4) 为视频片段制作字幕。

三、实验步骤

(1) 启动会声会影 X2 视频编辑软件。

(2) 使用"文件"→"新建项目"菜单命令,按照默认的参数设置创建一个新的数字电影项目。

(3) 使用"步骤选项组"中的"捕获"命令,选择"视频"选项,然后在计算机中选择编辑所需要的视频文件 wildlife.wmv,单击"打开"按钮,所选择的图像素材文件即导入会声会影 X2 项目窗口中,如图 3-12 所示。

图 3-12 视频素材窗口

(4) 将 wildlife.wmv 视频素材文件从素材窗口拖动到时间线窗口的视频轨道上,如图 3-13 所示。

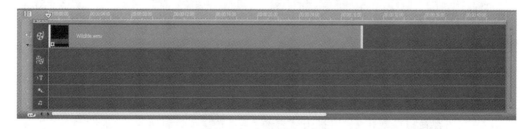

图 3-13 视频时间线窗口 1

(5) 单击"标题"步骤组,打开"标题"样式预览窗口,如图3-14所示。

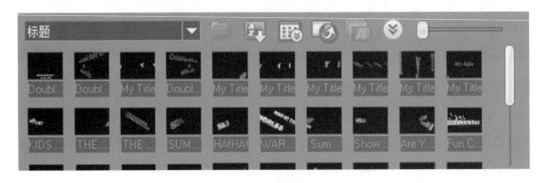

图3-14 标题样式窗口

(6) 选择标题样式中的"Good Times"样式,并将其拖动到时间线窗口的标题轨道,如图3-15所示。

图3-15 视频时间线窗口2

(7) 双击标题轨道上的"Good Times"标题,进入标题文字编辑状态,如图3-16所示。

图3-16 标题文字编辑窗口

(8) 在监视窗口中双击字幕,进入字幕的文字编辑状态,输入文字"野生动物"并对文字进行属性的设定,字体为微软细黑,字号为84,如图3-17所示。

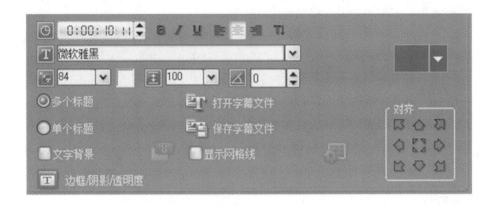

图 3-17　标题文字属性设置窗口

（9）得到设置效果，如图 3-18 所示。

图 3-18　字幕效果图

（10）在监视窗口单击"播放"按钮，预览字幕设置效果。

（11）使用"文件"→"保存"菜单命令，把项目文件以"野生动物.vsp"作为文件名保存。

实验四 制作影片

一、实验目的

(1) 掌握用会声会影 X2 非线性编辑软件制作影片的基本操作方法。
(2) 掌握影片制作的相关编辑技巧。
(3) 掌握输出影片的基本方法。

二、实验内容

用会声会影 X2 非线性编辑软件制作影片的基本操作方法。

三、实验步骤

(1) 素材整理。

根据分镜头稿本,将拍摄的素材一一进行浏览(回放),并作好记载。哪些镜头是影片需要的?哪些是废镜头?还有哪些镜头还需要补拍?有用的镜头在哪个位置(即镜头的起止时间)?这些都要一一记录好。

(2) 采集素材。

将磁带上有用的镜头,根据记载的起止时间一一上传到计算机非线性编辑系统指定的硬盘里,并对每个镜头取名,完成对素材的采集工作。

(3) 素材编辑。

根据分镜头稿本,将采集的素材按照影片播放的顺序,一一安放在会声会影 X2 编辑软件的视频轨道上。注意每个镜头的长度,即每个镜头的编辑点的选择。

(4) 添加转场。

根据影片内容的需要,对某些镜头作转场特效。

(5) 添加字幕。

对于片名和演职员表,或者影片内容的需要,制作必要的字幕,并添加到影片中。

(6) 配音配乐。

影片里的解说应该事先录好音,并处理好噪声。再将录音文件导入到会声会影 X2 编辑软件的声音轨道上,做到声画对位。

寻找适合影片风格的背景音乐,将其导入到会声会影 X2 编辑软件的另一条音乐轨道上,并作适当的剪裁。

(7) 影片合成。

影片合成之前,应该仔细观看,特别是对编辑点(组接点)应反复推敲,作适当的修改。

另外,还要注意:特效或过渡是否适合?解说与画面是否配合恰当?声音是否洪亮?字幕的出现是否恰当?停留时间是否够长?等等。若有问题,必须修改。按最后的修改,写出该片的完成稿本,即使用说明。

修改完成后,再一次从前至后仔细观看一次,确认无误后,再合成影片。

合成影片就是将其制作的节目生成一个可供播放器播放的文件,并对文件取名,指定保存路径。

(8) 输出影片。

利用刻录光驱,将生成的文件刻录成 DVD(或 VC)光盘。

第 4 章 动画制作技术

实验一 Flash CS6 的工作界面及基本工具的使用

一、实验目的

(1) 认识 Flash CS6 的工作界面。
(2) 掌握新建、打开、保存 Flash 文件。
(3) 掌握对 Flash 文件属性进行修改。
(4) 掌握 Flash 工具栏中各种工具的使用方法、各种效果文字的制作方法、基本图形的绘制方法。

二、实验内容

(1) 新建、打开、保存 Flash 文件。
(2) 对 Flash 文件属性进行修改。
(3) Flash 工具栏中各种工具的使用方法；制作各种效果的文字。
(4) 基本图形的绘制方法。

三、实验步骤

(一) 新建一个 Flash 文件窗口大小为 800 * 600，背景为蓝色的 Flash 文件

(1) 用鼠标双击桌面 Flash CS6 快捷图标，启动 Flash CS6，在 Flash CS6 的欢迎界面选择新建 ActionScript 3.0 文件，新建一个 Flash 文件，如图 4-1 所示。

图 4-1 Flash CS6 启动欢迎界面

（2）使用"修改"→"文档"菜单命令，打开"文档设置"对话框，修改文档属性，设置文件尺寸为 800＊600，背景色为蓝色，如图 4-2 所示。

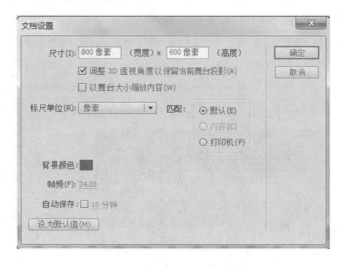

图 4-2　修改 Flash 文档属性

（二）把新建的文件保存并打开

（1）把设置好文件尺寸和背景色的文件，保存到 E 盘，文件名为"实验一"，关闭 Flash 文档窗口。

（2）打开 E 盘，找到"实验一.fla"文件，双击打开。

（三）在打开的"实验一.fla"中输入文字并改变文字的颜色、字体，把文字打散

（1）用 Flah 文本输入工具输入文字"大理三月好风光"，打开属性面板，修改文字字体为黑体，颜色为黄色，文字大小为 70 点，如图 4-3 所示。

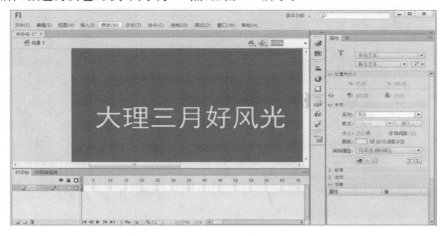

图 4-3　输入文字面板

(2)把输入的文字打散,具体操作:用选择工具选中文字,使用"修改"→"分离"菜单命令,连续操作两次即可打散文字。

(四)空心字、五彩字、波动字、双色字的制作

(1)空心字:用文本工具输入文字"大理大学",分离两次,用墨水瓶工具描边,选中填充颜色,删除。如图4-4所示。

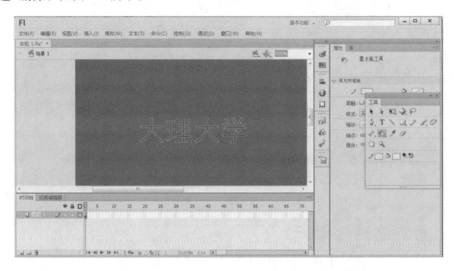

图4-4 Flash空心字效果图

(2)五彩字:用文本工具输入文字"大理大学",分离两次,用油漆桶工具在文字笔画上单击填色,做好一种效果;选中文字,用油漆桶工具在文字笔画上拖动,起始点在文字笔画上,即做好另一种文字效果。如图4-5所示。

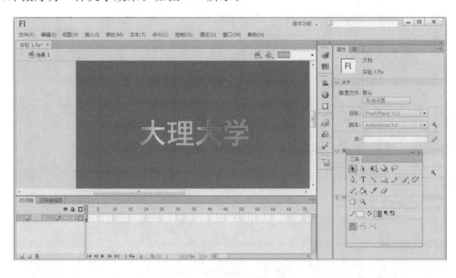

图4-5 Flash五彩字效果图

（3）波动字：用文本工具输入文字"大理洱海"，分离两次，使用"任意变形工具"的"封套选项"，调节文字效果。如图 4-6 所示。

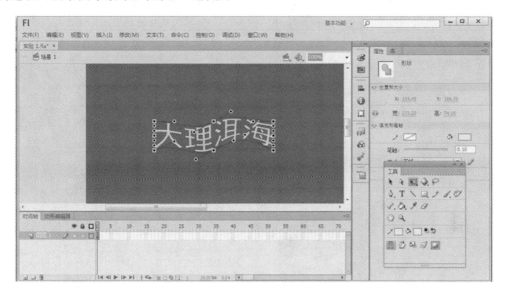

图 4-6　Flash 波动字效果图

（4）双色字：用文本工具输入文字"大理苍山"，分离两次，选择工具选中文字一部分，填充不同的颜色。如图 4-7 所示。

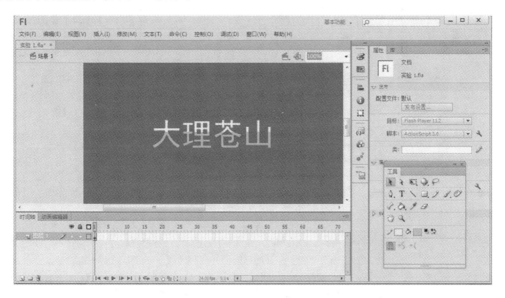

图 4-7　Flash 双色字效果图

(五)用 Flash CS6 绘制花朵、心形、树叶、小草等图形

(1)绘制花朵:用"矩形工具"下的"圆形工具"绘制一个圆形(第一个花瓣),填充用线性渐变、粉色和白色颜色填充,笔触大小 1,类型为实线,颜色为黄色。用选择工具双击画好的第一个花瓣,使用"窗口"→"对齐"菜单命令,旋转 45°。多次复制、粘贴并应用变形工具适当变形即可得一个花朵。如图 4-8 所示。

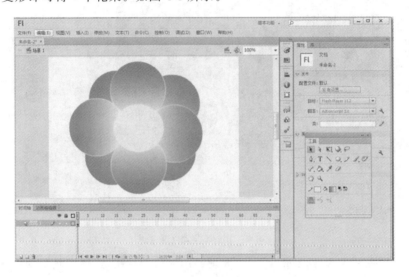

图 4-8　Flash 绘制花朵效果图

(2)绘制心形:用"矩形工具"下的"圆形工具"绘制圆形,按住【Ctrl】键,用鼠标拖动出尖角,填充色为红色,填充空隙大小选择封闭小空隙。如图 4-9 所示。

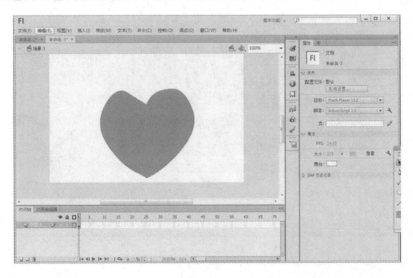

图 4-9　Flash 绘制心型效果图

(3) 绘制树叶:选择"铅笔工具"绘制一片叶子,铅笔模式选择滑,笔触为黑色,填充色为绿色,填充空隙大小选择封闭小空隙。如图 4-10 所示。

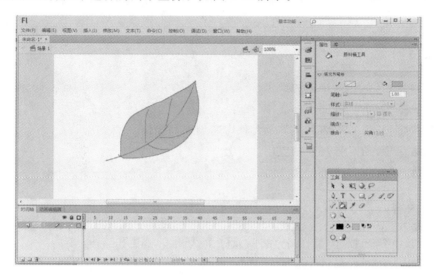

图 4-10 Flash 绘制叶子效果图

(4) 绘制蓝天白云绿草地为主题的一个舞台(场景):利用前面所学过的矩形工具、任意变形工具、填充工具、铅笔工具绘制一舞台。画蓝天的时候选择用矩形工具线性渐变蓝色和白色颜色填充,笔触颜色选择无色,并利渐变变形工具改变填充方向。绿草地用铅笔或刷子工具绘制,笔触选择绿色,填充色用绿色纯色填充。白云用铅笔工具绘制,铅笔模式选择滑,笔触为白色,填充色为白色,填充空隙大小选择封闭小空隙或大空隙。如图 4-11 所示。

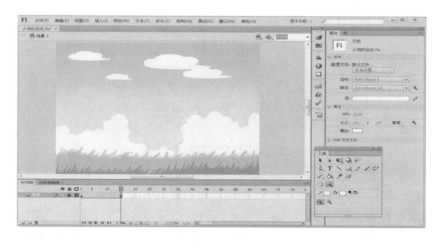

图 4-11 Flash 场景效果图

实验二　Flash CS6 动画制作基础操作练习

一、实验目的

(1) 掌握 Flash CS6 中帧的操作。
(2) 掌握 Flash CS6 图层的操作。
(3) 掌握 Flash CS6 各种元件及元件库的创建和操作。
(4) 熟悉 Flash CS6 场景的应用。
(5) 熟悉 Flash 导入外部文件的方法。

二、实验内容

(1) Flash CS6 帧、图层、各种元件、元件库、场景的创建和操作。
(2) Flash CS6 外部文件的导入。

三、实验步骤

(一) Flash CS6 中帧的操作

在 Flash CS6 中插入帧、关键帧、空白关键帧都可以用鼠标、菜单和快捷键完成。

1. 插入普通帧

(1) 在时间轴上需要创建帧的位置单击鼠标右键,从弹出菜单中选择"插入帧"命令,将会在当前位置插入一帧。
(2) 选择需要创建的帧,使用"插入"→"时间轴"→"帧"菜单命令。
(3) 在时间轴上选择需要创建的帧,按【F5】键。

2. 插入关键帧

(1) 在时间轴上需要创建帧的位置单击鼠标右键,从弹出菜单中选择"插入关键帧"命令,将会在当前位置插入一帧。
(2) 选择需要创建的帧,使用"插入"→"时间轴"→"关键帧"菜单命令。
(3) 在时间轴上选择需要创建的帧,按【F6】键。

3. 插入空白关键帧

(1) 在时间轴上需要创建帧的位置单击鼠标右键,从弹出菜单中选择"插入空白关键帧"命令,将会在当前位置插入一帧。
(2) 选择需要创建的帧,使用"插入"→"时间轴"→"空白关键帧"菜单命令。
(3) 在时间轴上选择需要创建的帧,按【F7】键。

4．选择帧

(1) 需选择单个帧时,鼠标左键单击需选中的帧。

(2) 鼠标左键单击需选择多个不相邻的帧时,按下【Ctrl】键单击其他帧。

(3) 鼠标左键单击需选择多个相邻的帧时,按下【Shift】键单击选择范围的始帧和末帧。

(4) 需选择时间范围所有的帧时,使用"编辑"→"时间轴"→"选择所有帧"菜单命令。

5．删除帧

(1) 在需删除的帧上单击鼠标右键,选择"删除帧"命令,当前帧将会删除。

(2) 在需删除的帧上单击鼠标右键,选择"清除帧"命令,当前帧将会变为一空白关键帧。

(3) 选中需删除的帧,然后使用"编辑"→"时间轴"→"删除帧"菜单命令,当前帧将会删除。

6．移动帧

(1) 将该关键帧或者序列拖到所需移动的位置。

(2) 在需移动的关键帧上单击鼠标右键,选择"剪切帧"命令,然后在所需移动的目标位置单击鼠标右键,选择"粘贴帧"命令。

7．复制帧

(1) 按下键盘【Alt】键,将要复制的关键帧拖动到复制的位置,即可完成复制操作。

(2) 在需移动的关键帧上单击鼠标右键,选择"复制帧"命令,然后在所需移动的目标位置单击鼠标右键,选择"粘贴帧"命令。

8．翻转帧

选择需翻转的帧序列,单击鼠标右键,选择"翻转帧"命令。

9．设置帧频

(1) 使用"修改"→"文档"菜单命令,将会弹出"文档属性"对话框,在帧频标签后的文本框中输入所需设定的帧频,单击"确认"按钮即可。

(二) Flash CS6 图层的操作

1．创建图层

(1) 用鼠标单击图层窗口左下角的按钮,如图 4-12 所示。

(2) 使用"插入"→"时间轴"→"图层"菜单命令。

(3) 右键单击时间轴中的任何一个层,从弹出的快捷菜单中选择"插入图层"命令。

2．选择图层

(1) 选择单个图层时,鼠标左键单击对应的图层即可。

(2) 选择多个不相邻的图层时,按住【Ctrl】键并单击需要选择的图层即可。

图 4-12　Flash 图层操作面板

（3）选择多个相邻的图层时，按住【Shift】键并单击选择范围的始图层和末图层即可。

3．移动图层

选中要移动的图层，按住鼠标左键拖动，此时出现一条横线，然后向上或向下拖动，当横线到达到图层需放置的目标位置释放鼠标即可。

4．删除图层

（1）选择需要删除的层，单击图层操作面板"删除图层"按钮。

（2）在需要删除的层上单击鼠标右键，在快捷菜单中选择"删除图层"命令。

5．重命名图层

（1）用鼠标双击某个图层，即可对图层名进行编辑输入。

（2）双击图层名前的按钮，弹出"图层属性"对话框，在名称标签后的文本框中输入新的图层名，单击"确定"按钮即可。

6．图层的属性编辑

（1）可编辑状态：单击对应图层名即可切换的可编辑状态。

（2）显示、隐藏图层：使用对应图层的"显示"→"隐藏"菜单命令即可切换图层的显示、隐藏状态。

（3）锁定、解锁图层：使用对应图层的"锁定"→"解除锁定"菜单命令即可切换图层的锁定、解锁状态。

（三）**Flash CS6 中各种元件的创建和操作**

Flash CS6 中各种元件的创建包括创建图形元件、影片剪辑元件、按钮元件等操作。

1．创建图形元件和影片剪辑元件

（1）选择"插入"→"新建元件"命令或者按【Ctrl+F8】键，打开"创建新元件"对话框，在"名称"文本框中输入元件的名称，在"类型"下拉菜单栏中选择对应的原件类型，单击"确定"按钮即可，如图 4-13 所示。

图 4-13　创建元件对话框面板

(2) 使用"窗口"→"库"菜单命令,打开库面板,单击左下角的"新建元件"按钮,打开"创建新元件"对话框,后面的操作与第(1)种方法相同。

2. 创建按钮元件

Flash CS6 按钮元件可以响应鼠标事件,用于创建动画的交互控制按钮,如动画中的"开始"按钮、"结束"按钮、"重新播放"按钮等都是按钮元件。按钮元件包括"弹起"、"指针经过"、"按下"和"单击"4 个帧,如图 4-14 所示。创建按钮元件的过程实际上就是编辑这 4 个帧的过程。

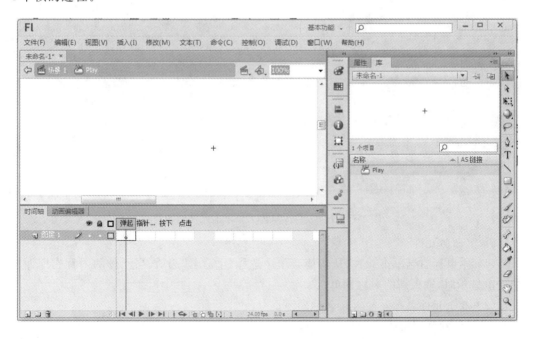

图 4-14　创建"按钮"原件面板

这 4 种状态分别说明如下:

- 弹起：光标不在按钮上的一种状态。
- 指针经过：当光标移动到按钮上的一种状态。
- 按下：当光标移动到按钮上并单击时的状态。
- 单击：运用此项制作的按钮不显示颜色、形状，常用来制作"隐形按钮"效果。

（四）Flash CS6 元件库的操作

1．向舞台上添加元件

（1）使用"窗口"→"库"菜单命令或按【F11】键，打开"库"面板。

（2）在库面板中用鼠标选中要添加的元件，"滚动的球"并将其拖动到舞台上，即可完成向舞台上添加元件，如图 4-15 所示。

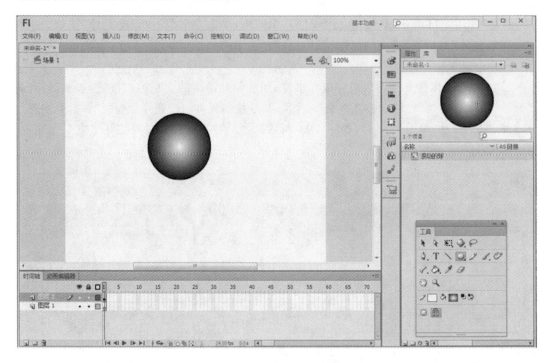

图 4-15　Flash CS6 从库面板添加元件到场景

2．重命名元件

（1）用鼠标右键单击元件，从快捷菜单中选择"重命名"选项，当元件的名称在库面板中突出显示时，输入新的名称即可。

（2）双击元件名称并输入新名称即可。

3．元件的常用操作

在 Flash 库中当需要对原件进行直接复制、粘贴、删除、编辑、移至等各种常用操作时可以用鼠标选中该元件，单击鼠标右键，然后从快捷菜单中选择需要操作的对应命令即可。如图 4-16 所示。

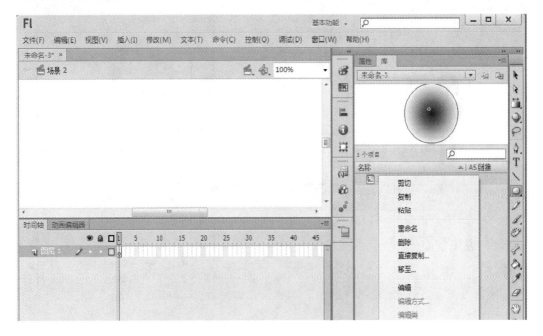

图 4-16　Flash 原件的操作

（五）**Flash CS6 公用库的使用**

在 Flash 中使用主菜单"窗口"→"公用库"菜单命令，在弹出的子菜单中有"学习交互"、"按钮"、"类"3 项选项供选择，可用来打开 3 种类型的公用库。公用库中存放的是 Flash 自带的各种效果的元件，可以直接拖到舞台中使用。

（六）**使用已有动画中的库**

在 Flash 中使用其他动画文件中的元件。

（1）打开需引用的动画文件，例如"男女生.fla"文件。

（2）使用"窗口"→"库"菜单命令，打开"库"面板，在库面板下拉菜单中选择"男女生"动画文件。如图 4-17 所示。

（3）回到正在编辑的动画文件，选择"男女生"库面板中的"boy"影片剪辑元件，将其拖动到待编辑动画的场景中即可。

（七）**Flash CS6 场景的应用**

1．场景的创建

在制作动画的过程中，有时根据剧情作品的需要创建一个或多个场景作为背景。创建新的场景的方法主要有以下 2 种：

（1）使用"窗口"→"其它面板"→"场景"菜单命令，打开"场景"面板，单击"添加场景"

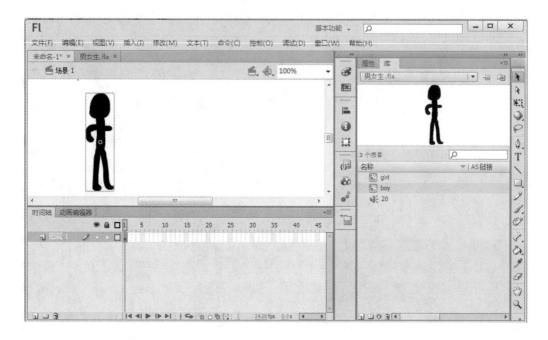

图 4-17 使用已有动画中的库

按钮即可新建一个场景,如图 4-18 所示。

图 4-18 场景编辑面板

(2) 使用"插入"→"场景"菜单命令即可插入新的场景,如图 4-19 所示。

2. 场景的编辑

(1) 删除场景:使用"窗口"→"其它面板"→"场景"菜单命令,打开"场景"面板,如图 4-18 所示,选中要删除的场景,再单击"场景"面板中的"删除场景"按钮将其删除。

(2) 更改场景名称:在"场景"面板中双击场景名称,然后输入新的名称即可。

(3) 复制场景:选中要复制的场景,然后单击"场景"面板中的"直接复制场景"按钮。

第 4 章 动画制作技术

图 4-19 插入场景面板

（4）更改场景在文档中的播放顺序：在"场景"面板中将场景拖到不同的位置进行排列即可。

（八）导入图像素材

1. 导入图像

（1）将位图与矢量图导入到舞台。使用"文件"→"导入"→"导入到舞台"菜单命令或按【Ctrl＋R】键，则把图像导入到舞台，同时也保存到库中。如图 4-20 所示。

（2）将位图与矢量图导入到库。使用"文件"→"导入"→"导入到库"菜单命令，则把图像直接导入到库，舞台不存在图像。如果舞台上要显示图像，在"库"面板中把导入的图像拖动到舞台。如图 4-20 所示。

2. 将位图转换为矢量图

在 Flash CS6 中，为了减小 Flash 文件的存储容量，可以将已导入位图转换为矢量图。分离位图会将图像中的像素分散到离散的区域中，可以分别选中这些区域并进行修改。

具体操作为：使用"修改"→"位图"→"转换位图为矢量图"菜单命令，打开"转换位图为矢量图"对话框，进行相应设置即可。如图 4-21 所示。

图 4-20 导入位图或矢量图到舞台或库

图 4-21 位图转换为矢量图

实验三　制作 Flash CS6 动画

一、实验目的

（1）掌握制作逐帧动画的方法。
（2）掌握制作补间动画的方法。
（3）掌握制作引导动画的方法。
（4）掌握制作遮罩动画的方法。
（5）了解 Flash 动画制作的原理。

二、实验内容

Flash CS6 逐帧动画、补间动画、引导动画、遮罩动画制作的方法。

三、实验步骤

（一）创建逐帧动画

本实例利用 Flash CS6 制作逐帧动画。

（1）启动打开 Flash CS6 软件，创建 Flash 文档。窗口大小为 550 * 400，帧频为 12 帧/秒，背景颜色为白色。

（2）单击图层名称使之成为活动层，然后在动画开始播放的图层时间轴中选中第五帧。

（3）如果该帧不是关键帧，使用菜单"插入→时间轴→关键帧"菜单命令使之成为一个关键帧。

（4）在序列的第五帧上用刷子工具画出小人的头和躯干，在使用刷子之前先设置好刷子的形状和大小。如图 4-22 所示。

（5）在第 10 帧插入关键帧画出小人的左手。

（6）以此类推在舞台中改变该帧的内容，开发动画接下来的增量。依次在第 15 关键帧、第 20 关键帧、第 25 关键帧画出小人的右手、左脚、右脚。

（7）完成逐帧动画序列，一个做操的小人逐帧动画

图 4-22　刷子大小和形状

便完成，如图 4-23 所示。
（8）测试动画序列。

图 4-23 逐帧动画做操的小人

（二）创建补间动画

本实例利用 Flash CS6 制作补间动画。

（1）启动打开 Flash CS6 软件，创建 Flash 文档。窗口大小为 550＊400，帧频为 12 帧/秒，背景颜色为白色。

（2）使用"插入"→"新建元件（图形）"菜单命令，原件名称"红色的球"。用椭圆工具画出一个圆球（按住【Shift】键），笔触颜色为黑色，笔触高度为"3"，填充色为红色。

（3）使用"窗口"→"库"菜单命令，将元件库调出来。

（4）选择第一帧，将小球从元件库中拖到场景中。

（5）在第 20 帧上插入关键帧。

（6）移动小球，使其开始位置与结束位置不同。

（7）创建运动补间动画，用鼠标在第一帧单击右键，在弹出的快捷菜单中选择"创建传统补间"选项。一个移动红色小球的补间动画完成，如图 4-24 所示。

（8）测试动画序列。

（三）创建引导动画

本实例利用 Flash CS6 制作引导动画。

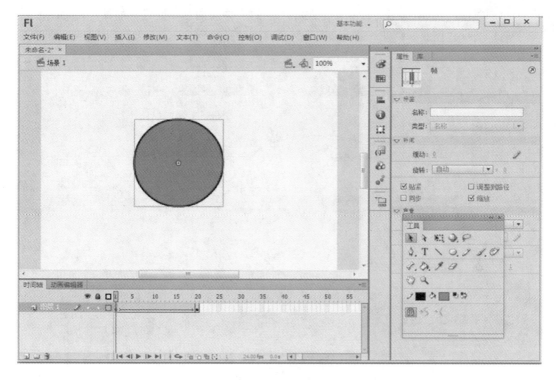

图 4-24　Flash 补间动画

（1）启动打开 Flash CS6 软件，创建 Flash 文档。窗口大小为 550＊400，帧频为 12 帧/秒，背景颜色为白色。

（2）使用"插入"→"新建元件（图形）"菜单命令，原件名称"飞翔的小鸟"。用刷子工具画出一个小鸟，笔触颜色为黑色。

（3）使用"窗口"→"库"菜单命令，将元件库调出来到场景。选择第一帧，将小球从元件库中拖到场景中。

（4）在第 40 帧上插入关键帧。

（5）移动小鸟，使其开始位置与结束位置不同。

（6）创建运动补间动画，用鼠标在第一帧单击右键，在弹出的快捷菜单选择"创建传统补间"选项。

（7）用鼠标右键单击小鸟所在图层，在弹出的快捷菜单中选择"添加运动引导层"选项。此时小鸟所在的普通层上方新建一个引导层，小鸟所在的普通层自动变为被引导层。

（8）在引导层中用铅笔工具，笔触红色，绘制引导路径。

（9）在被引导层中将小鸟元件的中心控制点移动到路径的起始点。

（10）用鼠标选中小鸟所在图层的第 40 关键帧，将小鸟元件中心控制点移动到引导层中路径的最终点。

(11) 这时一个小鸟沿着预先设定路径飞翔的引导动画制作完成。如图 4-25 所示。

(12) 使用"控制"→"测试影片"菜单命令测试动画序列。

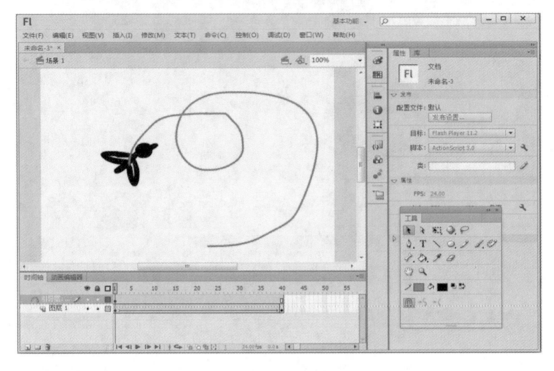

图 4-25　Flash 引导动画

（四）创建遮罩动画

本实例利用 Flash CS6 制作遮罩动画。

（1）启动打开 Flash CS6 软件，创建 Flash 文档。窗口大小为 550 * 400，帧频为 12 帧/秒，背景颜色为白色。

（2）使用文件菜单下的"导入选项"→"导入到舞台"菜单命令，选择一张图片导入到舞台，并对齐到舞台。如图 4-26 所示。

（3）在图层 1 的基础上新建一个图层 2，并在图层 2 上用工具箱工具绘制一个望远镜图形。如图 4-27 所示。

（4）将两个图层的帧延长至 60 帧。

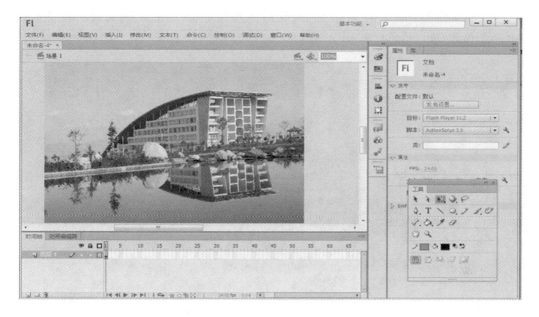

图 4-26　Flash 导入图片到舞台

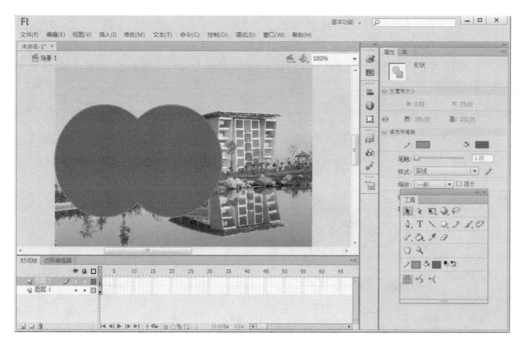

图 4-27　绘制望远镜图形面板

(5) 在图层 2 上的第 60 帧处插入关键帧,在图层 2 上,选中第 60 关键帧,将工作区中的椭圆拖到右边,然后右击图层 2 中的任意一帧创建补间动画。如 4-28 图所示。

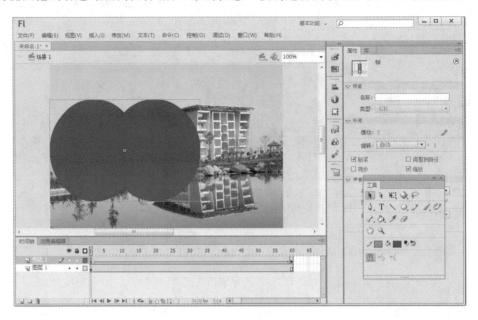

图 4-28　Flash 补间动画

(6) 用鼠标右击图层 2,在弹出的列表中选择遮罩层命令,这样就完成了遮罩动画。如图 4-29 所示。

图 4-29　Flash 遮罩动画

测试影片按【Shift+Enter】键就可以看到效果了。

实验四 Flash CS6 声音、按钮、脚本的基本综合应用

一、实验目的

(1) 掌握动画作品添加声音的方法。
(2) 掌握制作按钮的方法。
(3) 熟悉对按钮设置动作脚本以控制动画的播放。

二、实验内容

(1) 在前面所学本书的知识基础上,用 Goldwave 软件录制或者编辑一首 mp3 歌曲。
(2) 根据歌词的意境制作一个不低于 3 个场景(片头-内容-片尾)的简单动画作品。并用此 mp3 歌曲作为背景音乐。
(3) 通过按钮和相应的脚本设置,控制动画的播放、暂停和停止。

三、实验步骤

(1) 制作一个简单的形变或运动动画作品,场景不少于 3 个,窗口大小为 550 * 400,帧频为 24 帧/秒,背景为白色。
(2) 导入一个时长为 3 分钟左右的 mp3 歌曲。提示:在导入声音时如果弹出如图 4-30 所示错误信息时,请用 Goldwave 音频处理软件打开,然后再重新保存(重新压缩)即可重新导入需要导入的歌曲。

图 4-30 Flash 不能导入歌曲信息

(3) 从场景 1 开始,将导入的歌曲加入到一个新层上。
(注意:由于 3 分钟左右的 mp3 歌曲需要 180 秒左右,若按每秒 24 帧的速度,则作品总帧数在 4 320 帧左右,在不影响本项目的实验目的达成的前提下,将作品的总帧数控制

在720帧左右,即将速度调整为每秒4帧左右)。

(4)将歌曲的声音类型设置为数据流。

(5)添加一新层,制作三个按钮原件使用"插入"→"原件"→"按钮原件"菜单命令,分别为暂停、播放、停止。

(6)打开动作面板(ActionScript 2.0面板),分别对三个按钮符号设置动作脚本:一个设置"on (release) {stop;}";一个设置"on (release) {play;}";一个设置"on (release) {gotoAndStop(1);}"。如图4-31所示。

(7)对动画层的第1帧设置动作"stop"这样带声音播放的一个简单动画作品就可以了。如图4-32所示。

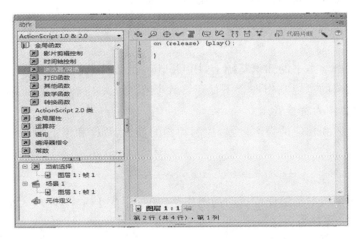

图 4-31 Flash 动作面板

图 4-32 一个简单的 Flash 综合作品

第二部分 课后习题及参考答案

（一）课后习题

第 1 章 多媒体技术基础

一、填空题

1. 多媒体技术是指利用计算机及相应设备，采用_____，将文本、图形、图像、声音、动画、视频等多种媒体有机结合起来进行综合处理的技术。
2. 多媒体系统一般由多媒体硬件系统、多媒体操作系统、_____和用户应用软件 4 个部分组成。
3. 为了使多媒体技术具有实用性，除了采用新技术手段增加存储空间和通信带宽外，对数据进行有效_____是多媒体技术必须解决的关键技术之一。
4. 多媒体数据库是多媒体技术与_____相结合产生的一种新型的数据库。
5. 多媒体办公自动化是指采用先进的数字影像技术和_____，把文件扫描、图文传真机以及文件微缩系统等现代办公设备综合起来管理，以影像代替纸张、用计算机代替人工操作构成的全新办公自动化系统。
6. 在多媒体技术中所说的"多媒体"指的是文本、图形、图像、视频、声音、_____等多种形态信息的集成。

二、单项选择题

1. 多媒体技术是计算机、广播电视和（　　）三大领域相互渗透、相互融合，迅速发展起来的一门新兴技术。
   A. 网络　　　　B. 电影　　　　C. 电话　　　　D. 通信
2. 不属于多媒体技术的主要特点的是（　　）。
   A. 集成性　　　B. 交互性　　　C. 兼容性　　　D. 实时性
3. 多媒体技术中的媒体一般是指（　　）。
   A. 硬件媒体　　B. 软件媒体　　C. 信息媒体　　D. 存储媒体

4. 在多媒体技术中所说的媒体一般指的是(　　)。
   A. 感觉媒体　　　B. 表示媒体　　　C. 存储媒体　　　D. 传输媒体
5. 多媒体硬件系统包括计算机硬件、(　　)、多种媒体输入/输出设备及信号转换装置、通信传输设备及接口装置等。
   A. 话筒　　　　　　　　　　　　B. 声音/视频处理器
   C. 音箱　　　　　　　　　　　　D. 扫描仪

三、思考题

1. 什么是媒体、多媒体、多媒体技术？
2. 多媒体技术主要研究哪些内容？
3. 当前多媒体计算机的基本组成部件有哪些？
4. 多媒体技术的发展趋势是什么？
5. 多媒体技术的主要应用领域有哪些？

第 2 章　图像处理技术

一、填空题

1. Photoshop 是当今世界上功能最强大、最流行的_____处理软件。
2. 在 Photoshop 中，_____色彩模式是基于自然界中 3 种基色光的混合原理,将红、绿和蓝 3 种基色按照从 0(黑)到 255(白色)的亮度值在每个色阶中分配,从而指定其色彩。
3. 在 Photoshop 中,_____栏位于菜单栏的下方,功能是设置各个工具的参数。
4. 在 Photoshop 中,一般用_____工具建立规则选区。
5. 在 Photoshop 中,可以使用_____命令,快速选取图像中颜色相同或相似的区域,并且能方便地看到所建选区的形状。
6. 在 Photoshop 中,通过_____面板,可以方便地恢复到图像编辑过程中的任一状态。
7. 在 Photoshop 中,可以用_____工具,创建多种颜色逐渐过渡的填充效果。
8. 在 Photoshop 中,_____可以将图层中图像的某些部分处理成透明或半透明效果,从而产生一种遮盖特效。
9. 在 Photoshop 中,按照图像的色彩表现形式可以将图像划分为灰度图像和_____。
10. _____滤镜可以逼真地模拟液体流动的效果,具有推、拉、旋转、膨胀等功能。

二、单项选择题

1. (　　)格式是 Photoshop 的专用图像文件格式。

A. psd B. pdf C. jpg D. bmp

2. 在 Photoshop 中,(　　)工具可以直接吸取图像区域的颜色。
   A. 画笔 B. 铅笔 C. 橡皮擦 D. 吸管

3. 在 Photoshop 中,(　　)决定着笔画效果的许多特性。
   A. 拾色器 B. 画笔工具 C. 样式 D. 色板

4. 在 Photoshop 中,用前景色填充颜色相似区域的工具是(　　)。
   A. 图章工具 B. 画笔工具 C. 油漆桶工具 D. 渐变工具

5. 在 Photoshop 中,按下(　　)键时可以进行添加选区操作。
   A. Ctrl B. Alt C. Shift D. Tab

6. 在 Photoshop 中,(　　)工具可以改善图像的曝光效果,加亮图像的某一部分。
   A. 减淡 B. 加深 C. 模糊 D. 锐化

7. 在 Photoshop 中,如果要移动图层中的图像,可以通过(　　)工具进行操作。
   A. 变换 B. 拖动 C. 选取 D. 移动

8. 在 Photoshop 中,旋转复制的快捷键是(　　)。
   A. Ctrl+T B. Alt+Ctrl+T
   C. Shift+Alt+Ctrl+T D. Ctrl+Z

9. 在 Photoshop 中,变形图像时按住(　　)键,可使控制点在同一水平线或垂直线上移动。
   A. Ctrl B. Shift C. Alt D. Tab

10. 在 Photoshop 中,通过调整图像的(　　)重新分布图像色彩的明暗色调,从而使图像更清晰、自然。
    A. 色相 B. 色阶 C. 亮度 D. 对比度

11. 在 Photoshop 中,(　　)也叫色值,即颜色的名称,如红色、绿色、蓝色等。
    A. 色相 B. 色阶 C. 色调 D. 色彩

12. 在 Photoshop 中,(　　)是指颜色的浓度或纯度,其值越高,颜色中的灰色成分就越低,图像就越鲜艳。
    A. 色调 B. 色彩 C. 亮度 D. 饱和度

13. 在 Photoshop 中,通过调整图像的(　　),使色调偏暗的图像变明亮。
    A. 色相 B. 色阶 C. 亮度 D. 饱和度

14. 在 Photoshop 中,单击"图层"面板上的(　　)按钮,可以显示或隐藏图层上的图像。
    A. "手形"图标 B. "移动"图标 C. "眼睛"图标 D. "锁定"图标

15. 在 Photoshop 中,(　　)滤镜可以产生亮光照在照相机镜头的折射效果。
    A. 云彩 B. 扩散 C. 镜头模糊 D. 镜头光晕

三、思考题

1. Adobe Photoshop CS6 的窗口包括哪几个部分？
2. 常用图像文件格式有哪些？
3. 如何新建一个图像文件？如何保存设计好的图像？
4. 什么是前景色和背景色？它们的作用是什么？
5. 使用画笔工具可以实现哪些效果？
6. 什么是渐变？渐变工具的作用是什么？
7. 建立选区的工具有哪些？如何建立选区？建立选区后，如何进行选区的变换？
8. 羽化命令可以实现什么样的效果？
9. 常用图像编辑命令有哪些？
10. 可以对图像进行哪些变换操作？
11. Adobe Photoshop CS6 中校正图像色彩的方法有哪些？
12. 什么是图层？图层调板上有哪些工具按钮？
13. 什么是通道？通道的主要功能是什么？
14. 什么是蒙版？蒙版的作用是什么？图层蒙版常用于制作图层的什么效果？
15. 什么是滤镜？常用的滤镜有哪些？

第 3 章 音频处理技术

一、填空题

1. 声音在空气中的波动现象叫_____。
2. 某个声压与标准声压的比值叫声压级。单位是_____。
3. 声波每秒钟变化的速度叫声音的_____，用 F 表示。
4. 声音的大小强弱叫音量，是信号_____大小的概念。
5. 声音的调门叫_____，与频率成正比。
6. 声音的特色叫音色。音量是指信号的幅度大小,而音色是指信号波的_____不同。
7. 声源停止发生后,室内仍然存在余音的现象叫_____。
8. 人耳对声音频率的听觉范围是_____。
9. 声音信号数字化过程包括_____、_____和_____ 3 个步骤。

二、单项选择题

1. "自然"音只意味着大厅内的重放声的(　　)声级应有所降低。
   A. 低频　　　　B. 中频　　　　C. 高频　　　　D. 全频
2. 在经常使用扩声的演出场所选用(　　)一点的混响时间为好。

A. 短 B. 长 C. 极短 D. 极长
3. 混响时间取决于房间的(　　)和极声处理。
   A. 面积 B. 容积 C. 长度 D. 宽度
4. 声波的绕射也称为(　　)。
   A. 折射 B. 衍射 C. 反射 D. 透射
5. MIDI 系统的数据传递速率为(　　)bit/s,属非同步通信。
   A. 31 250 B. 15 625 C. 7 812.5 D. 44 K
6. 音乐的三要素是指节奏、旋律及(　　)。
   A. 和声 B. 音高 C. 音级 D. 节拍
7. 一般双声道立体声的定位方式都是通过左、右两扬声器的(　　)来定位的。
   A. 相位差 B. 时间差 C. 距离差 D. 声级差

三、思考题

1. 声音的三要素是什么?
2. 什么是采样频率?
3. 常见的音频文件格式有哪些?各有什么特点?
4. 消减人声效果有几种方法?
5. Adobe Audition CS6 的声音效果有哪几大类?

第 4 章　视频处理技术

一、填空题

1. 会声会影 X2 项目文件的扩展名是_____。
2. 在会声会影中制作视频的基本步骤包含:捕获、_____、效果、_____、标题、_____、分享。
3. 会声会影 X2 时间轴标尺刻度计量单位默认采用_____的 SMPTM 时间编码格式。
4. 要删除时间轴窗口中的某一个素材,可以选中该素材后按_____。
5. _____是将硬盘上存储的视频素材或图片素材显示到素材库;_____是将视频素材或图片素材显示到时间轴上。
6. 在会声会影中制作视频文件,可以在_____中实时监控制作效果。
7. 在会声会影中,视频制作完成后,通过_____步骤来输出视频文件。
8. 会声会影 X2 中的转场效果主要通过_____步骤来实现。
9. 在会声会影 X2 中,可以通过调整_____来调整视频的播放速度。
10. 在会声会影 X2 中,可以通过_____来颠倒视频的播放顺序。

二、单项选择题

1. 下列文件属于视频文件的是(　　)。
   A. abc.mpg　　　B. abc.mp3　　　C. abc.txt　　　D. abc.jpg

2. 对收集到的素材进行分类存放时,文件 abc.avi 应该存放在文件夹(　　)中。
   A. 音频　　　　B. 文本　　　　C. 图像　　　　D. 视频

3. 某同学准备了两段视频素材视频 1 和视频 2,他通过"会声会影 X2"对这两段视频素材进行如下操作:
   ① 新建一个项目文件;
   ② 将素材导入到时间轴窗口;
   ③ 添加字幕"视频处理实例",如下图所示:

   ④ 创建视频文件,以 spclsl.mpg 为文件名保存。
   当播放 spclsl.mpg 文件时,下列描述正确的是(　　)。
   A. 先出现字幕,然后再播放视频素材的内容
   B. 字幕与第一段视频素材的内容同时出现
   C. 视频素材内容播放完才出现字幕
   D. 第一段视频素材播放完后,第二段视频素材和字幕同时出现

4. 下列不是会声会影时间轴视图模式的是(　　)。
   A. 时间轴视图　　B. 故事板视图　　C. 缩略图　　　D. 音频视图

5. 会声会影时间轴上有几种轨道(　　)。
   A. 2 种　　　　B. 3 种　　　　C. 5 种　　　　D. 6 种

6. 在会声会影中,区间的大小顺序(　　)。
   A. 时:分:秒:帧　　　　　　　　B. 帧:时:分:秒
   C. 时:分:帧:秒　　　　　　　　D. 时:分:秒:秒

7. 　　按钮在会声会影中的作用是(　　)。
   A. 复制素材　　B. 删除素材　　C. 剪辑素材　　D. 粘贴素材

8. 下列叙述正确的是（　　）。

A. 图片素材只能在视频轨道上使用

B. 色彩素材不可以在覆叠轨上面使用

C. 视频素材可以在覆叠轨和视频轨上使用

D. 声音轨不能放置一首以上的音乐

9. 在覆叠轨上如何去掉对比度较高的素材的背景（　　）。

A. 运用色度键　　　　　　　　　B. 运用色彩校正

C. 运用素材剪辑　　　　　　　　D. 运用素材分割

10. 　　按钮在会声会影中的作用是（　　）。

A. 插入素材到轨道上　　　　　　B. 加载素材

C. 创建素材库　　　　　　　　　D. 打开素材库

三、思考题

1. 简述使用会声会影 X2 编辑数字视频的基本流程。

2. 在会声会影 X2 中，如何设置视频素材片段之间的转场效果？

3. 在会声会影 X2 中，如何设置音频素材的淡入淡出效果？

4. 在会声会影 X2 中，如何编辑字幕效果？

第 5 章　动画制作技术

一、填空题

1. 时间轴上的帧分为＿＿＿＿、＿＿＿＿、＿＿＿＿ 3 种类型。

2. Flash 中的元件分为三种类型，分别是＿＿＿＿元件、＿＿＿＿元件和＿＿＿＿元件。

3. 利用 Flash 制作的动画分＿＿＿＿和＿＿＿＿ 2 种类型。

4. 利用"属性"面板，可以设置线条的＿＿＿＿、＿＿＿＿、＿＿＿＿等。

5. 利用＿＿＿＿工具可以绘制多边形和星形。

6. 按＿＿＿＿键可创建关键帧，按＿＿＿＿键可创建普通帧，按＿＿＿＿键可创建空白关键帧。

7. 大部分对元件的管理都是在＿＿＿＿面板中进行的。

8. 使用工具箱中的＿＿＿＿工具可以创建文本。

9. 系统默认的是将当前文档导出格式为＿＿＿＿的 Flash 影片。

10. 在 ActionScript 中，＿＿＿＿是区分大小写的，而其他的 ActionScript 代码，则不区分大小写。

二、单项选择题

1. 逐帧动画的每一帧都是(　　)。
   A. 关键帧　　　　B. 空白帧　　　　C. 普通帧　　　　D. 空白关键帧

2. 利用椭圆工具进行绘画时,只要按住(　　)键不放即可绘制正圆形。
   A. Shift　　　　B. Ctrl　　　　C. Alt　　　　D. Ctrl+Alt

3. 对于在网络上播放的动画,最合适的帧频率是多少(　　)?
   A. 24 fps　　　　B. 12 fps　　　　C. 25 fps　　　　D. 16 fps

4. 在 Flash 时间轴上,选取连续的多帧或选取不连续的多帧时,分别需要按下(　　)键后,再使用鼠标进行选取:
   A. Shift、Alt　　　　　　　　B. Shift、Ctrl
   C. Ctrl、Shift　　　　　　　　D. Esc、Tab

5. 以下各种关于图形元件的叙述,正确的是(　　)。
   A. 图形元件可重复使用
   B. 图形元件不可重复使用
   C. 可以在图形元件中使用声音
   D. 可以在图形元件中使用交互式控件

6. 以下关于逐帧动画和补间动画的说法正确的是(　　)。
   A. 两种动画模式 Flash 都必须记录完整的各帧信息
   B. 前者必须记录各帧的完整记录,而后者不用
   C. 前者不必记录各帧的完整记录,而后者必须记录完整的各帧记录
   D. 以上说法均不对

7. 在 Flash 中,如果要对字符设置形状补间,必须按(　　)键将字符打散。
   A. Ctrl+J　　　　B. Ctrl+O　　　　C. Ctrl+B　　　　D. Ctrl+S

8. Flash 现在属于哪家公司?(　　)
   A. MacroMedia　　　B. Sun　　　　C. Adobe　　　　D. Microsoft

9. 在 Flash 中,帧频率表示(　　)。
   A. 每秒钟显示的帧数　　　　　B. 每帧显示的秒数
   C. 每分钟显示的帧数　　　　　D. 动画的总时长

10. Flash 源文件和影片文件的扩展名分别为(　　)。
    A. *.fla、*.flv　　　　　　　B. *.fla、*.swf
    C. *.flv、*.swf　　　　　　　D. *.doc、*.gif

三、思考题

1. 简述在 Flash CS6 中,如何创建和修改元件?

2. 简述在 Flash CS6 中,为已创作动画导入声音的方法是?

3. 简述在 Flash CS6 中,关键帧与普通帧的区别。

4. 什么是遮罩层,如何将一个普通图层转换为遮罩层,如何锁定图层,锁定后如何对图解锁?

5. 一个好的 Flash 作品都必须有哪些严格的制作流程,请论述具体的操作步骤。

第 6 章　多媒体应用系统设计与开发

一、填空题

1. _____ 是为了某个特定的目的,使用多媒体技术设计开发的应用系统。

2. 在开发多媒体应用软件时,必须遵循 _____ 的开发思想,才能开发出经得起时间检验、实用的应用系统。

3. 在多媒体应用软件开发过程中,_____ 阶段的主要任务是确定用户对应用系统的具体要求和设计目标,并根据总体目标,确定应用系统的类型及所采用的开发方法。

4. 在多媒体应用软件开发过程中,_____ 阶段根据设计目标,利用编程语言或多媒体创作工具,结合脚本和素材,制作生成多媒体应用系统。

5. 多媒体应用系统需要经过反复 _____ ,才能验证多媒体应用系统是否达到预期目标,发现其隐藏的缺陷,并对其进行必要的改进和完善,直到应用系统被正式使用。

二、思考题

1. 多媒体应用系统的选题应该遵循哪些原则?

2. 多媒体应用系统的设计需要遵循哪些原则?

3. 多媒体应用系统的常用开发工具有哪些?

4. 简述多媒体应用系统的开发过程。

（二）参考答案

第1章 多媒体技术基础

一、填空题

1．数字化处理技术　2．多媒体处理系统（多媒体处理软件）　3．压缩

4．数据库技术　5．多媒体计算机技术　6．动画

二、单项选择题

1．D　2．C　3．C　4．A　5．B

三、思考题

略。

第2章 图像处理技术

一、填空题

1．图形图像　2．RGB　3．属性　4．选框　5．色彩范围　6．历史记录　7．渐变

8．图层蒙版　9．彩色图像　10．液化

二、单项选择题

1．A　2．D　3．B　4．C　5．C　6．A　7．D　8．C　9．B　10．B　11．A

12．D　13．C　14．C　15．D

三、思考题

略。

第3章 音频处理技术

一、填空题

1. 声波   2. 分贝(dB)   3. 频率   4. 振动幅度   5. 音调   6. 形状   7. 混响

8. 20 Hz～20 kHz   9. 采样　量化　编码

二、单项选择题

1. C   2. A   3. B   4. B   5. A   6. A   7. D

第4章 视频处理技术

一、填空题

1. .vsp   2. 编辑　覆叠　音频   3. 时:分:秒:帧   4. Delete 键

5. 导入素材　添加素材   6. 监视窗口   7. 分享   8. 效果   9. 回放速度

10. 反转视频

二、单项选择题

1. A   2. D   3. D   4. C   5. C   6. A   7. C   8. C   9. B   10. A

三、思考题

略。

第5章 动画制作技术

一、填空题

1. 普通帧　关键帧　空白关键帧   2. 影片剪辑　图形按钮

3. 逐帧动画　补间动画   4. 颜色　大小　样式   5. 矩形   6. F6　F5　F7

7. 库   8. 文本工具   9. fla   10. 函数

二、单项选择题

1. A 2. A 3. B 4. B 5. A 6. B 7. C 8. C 9. A 10. B

三、思考题

略。

第6章 多媒体应用系统设计与开发

一、填空题

1. 媒体应用系统 2. 软件工程 3. 需求分析 4. 集成制作 5. 测试

二、思考题

略。

参考文献

[1] 马武.多媒体技术及应用.北京:清华大学出版社,2008.
[2] 龚沛曾.多媒体技术及应用.北京:高等教育出版社,2009.
[3] 赵子江.多媒体技术应用教程.北京:机械工业出版社,2010.
[4] 寸仙娥,桑志强.多媒体技术应用教程.北京:中国铁道出版社,2012.
[5] 李丽萍,马武.多媒体技术基础及应用教程.北京:科学出版社,2014.
[6] 赵声攀,李春宏.多媒体技术基础及应用实验教程.北京:科学出版社,2014.